U0172040

想象另一种可能

理想
国
imaginist

南 北 看

唐鲁孙

云南人民出版社

唐鲁孙（1908—1985）

唐鲁孙小传

唐鲁孙，一九〇八年九月十日生于北平，满族镶红旗后裔，原姓他塔拉氏，本名葆森，字鲁孙。其曾祖长善，字乐初，官至广东将军。曾叔祖父长叙，官至刑部侍郎，二女并选入宫侍光绪，为珍妃、瑾妃。祖父志钧，字仲鲁，曾任兵部侍郎，同情康梁变法，慈禧闻之不悦，调为伊犁将军，远赴新疆，后敕回，辛亥时遇刺。外祖父李鹤年，道光二十五年翰林，官至河南巡抚、河道总督、闽浙总督。

唐鲁孙七八岁时进宫向瑾太妃叩春节，被封为一品官职。因父亲早逝，十六七岁便顶门立户，交际应酬。于北京崇德中学、北京财政商业专门学校毕业后，任职于财税机构，后以弱冠之年只身外出谋职，先后客居武汉、上海、泰州、扬州等地。一九四六年随张柳丞先生赴台，任烟酒公卖局秘书，后历任松山、嘉义、屏东等烟叶厂厂长。一九八五年在台病逝，享年七十七岁。

唐鲁孙年轻时游宦全国，见多识广，对民俗掌故知之甚详，对北平传统文化、风俗习惯及宫廷秘闻尤所了然，作为民俗学家，其写作"和《清明上河图》有相同的价值"；加之出身贵胄，常出入宫廷，习于品味家厨奇珍，遍尝各省独特美味，对饮食有独到的见解，闲暇时对各类美食揣摩钻研，改良创新，又有美食家之名，被誉为"中华谈吃第一人"；一九七三年退休后，以民俗、美食为基调进行创作，凡百万字，内容丰富，自成一格，允为一代散文大家，"可以当作《洛阳伽蓝记》看，比照《东京梦华录》来读"。

1947年冬，唐鲁孙从东北返回北京省亲，与家人共度春节，于西单北大街一家照相馆拍下一张珍贵的全家福。照片中人：前排左起为唐鲁孙次女唐光照、母亲张秉俊、长女唐光熹；后排左起为长子唐光焘、妻子张宝田、唐鲁孙本人、次子唐光熹。

唐鲁孙赋闲在北京家里时拍下的全家福。照片中人：
前排左起为唐鲁孙的妻子张宝田、祖母、母亲张秉
俊；后排左起为唐鲁孙、次女唐光照、次子唐光熹、
弟弟唐葆樑、长女唐光焄、长子唐光焘。

泰州大林桥唐家老宅现状。当年，唐、张、王三家在泰州大林桥鼎足而居，时相往还。其中张、王两家都是祖籍江苏，只有唐家是来自北京的满人。志钧公因在江南为官，后投资与当地士绅合组"裕善源"银号，并创办"谦益永"盐号，故于泰县置产建宅，居留江北。该照片由陈普鑫先生提供。

1943年夏末秋初，因粮食短缺，一家老少乘火车来到上海，投奔在当地工作的唐鲁孙，数日后，其母带佣人返回北京。唐鲁孙夫妇与四个儿女租住在上海南市一个约十五平方米的房间（照片中最右一栋房子的二楼），临街的一面有一排木框的玻璃窗。2005年，唐光熹重回故地，拍下了这一幕，弄堂口门楣上"诒瑞坊"三个大字已模糊不清了。

抗日战争进入尾声时，唐鲁孙的妻儿决定返回北平，但昔日家园粉子胡同甲四号的正房与院子已被祖母分租出去弥补家用，在租客搬走前无法收回。一行人只得暂住在隔壁三房老祖家的杂物房。1997年，唐光熹回到北京。时隔半个世纪，西城粉子胡同容颜未改，甲四号故宅门庭依旧，只是难免近乡情怯，感慨万千。左三即为当年的老房客王太太。

抗战胜利，唐鲁孙又已找到新工作，从上海回到北平，与家人度过了一段短暂的平静生活。图为一家人在廊檐下沐浴着暖暖冬阳。

在时任台湾"烟酒公卖局"局长的好友蔡玄圃邀请下，张柳丞先行来到台北，担任主任秘书，随后发信邀请唐鲁孙来台分担公事。1946年，唐鲁孙辞去北票煤矿的工作，赴台任职，按月寄钱回家，北平亲人生活也略微宽裕起来。1948年，妻儿赴台团聚，一家人便居住在照片上这栋日式木造房子里。

唐鲁孙（右）去台北开会时，妻子张宝田（左）总是陪同前来，其长兄张书田（中）总是细心安排车辆食宿等。

1959年，唐鲁孙次子唐光熹在台北市举行婚礼，唐家在台亲友齐聚一堂。前排左一为唐鲁孙。

1974年11月23日起，《吃在北平》在《联合报》副刊连载三天。多年后，夏元瑜谈及初读唐文时的感受："……有人说他的这些资料从哪儿来的，想必也有所本？我可以诚恳奉告：他的资料全是他亲自的经历，由于记性好，所见所闻全都忘不了。它不是找资料来写的，而他写的才是厚实的资料。"

唐鲁孙晚年出了十二本书，依图中顺序从左至右分别为
《唐鲁孙谈吃》《中国城》《南北看》《老古董》《酸
甜苦辣咸》《大杂烩》《什锦拼盘》《天下味》《老
乡亲》《故园情》《说东道西》《中国吃的故事》。
1988年，台湾大地出版社独家出版了"唐鲁孙全集"。

1984年3月，唐鲁孙长子唐光焘从美国返乡探望二老。其时，唐鲁孙（前排左一）已罹患尿毒症，每周需透析两到三次。

出版说明

　　1973年至1985年间，在台湾《中国时报》《联合报》等报刊杂志的邀请之下，唐鲁孙笔耕逾百万字，按发表顺序先后结集为十二册，由台湾大地出版社公开出版发行。理想国于2004年推出简体版"唐鲁孙作品集"，并于2013年、2017年两次再版。本次新版为第四版，主要调整如下：

　　一、增补旧版遗漏文章，按照主题梳理全部篇目，辑为《天下味》与《南北看》两部。《天下味》以谈吃为主，分为"吃在北平""吃在南北""吃在台湾""海外余香""私家食谱""烟酒茶糖"六辑，共四册；《南北看》以风俗掌故为主，兼忆故人旧地，分为"少年好弄""市井风俗""岁时风物""掌故逸闻""曲艺影视""怀往忆旧"六辑，共五册。

二、收录唐光熹（唐鲁孙次子）所作家族回忆录《粉子胡同老志家》部分章节、唐鲁孙亲撰《祖先生平事略》与《家族世系表》、早年珍贵影像、数篇其他副刊作者呼应文章，以呈现唐鲁孙的身世、经历与创作环境。

编辑过程中，为最大限度保留文章原貌，除录入错误外，俗语、方言、译名、异体字等均依作者习惯保留，不做规范化处理；相邻篇目或有部分内容重复，因讲述方式有所差异，故并未删节；文中引文多为凭记忆复述，具体字句与原文或有出入，不影响原意者亦未更正，必要时以脚注形式进行说明。

此外，本书脚注均为编者所加，由于水平所限，疏漏之处在所难免，敬请读者朋友批评指正。

自序｜何以遣有生之涯

　　我是一九七三年二月退休的，时光弹指，老骥伏枥，一眨眼已经退了十年多啦。

　　在没有退休之前，有几位退休的朋友跟我聊天，他们告诉我，刚一退休时，每天早晨看见交通车一到，同事们一个个衣冠楚楚夹着公文包挤交通车，而自己乍还初服，海阔天空，真有说不出的自由自在劲儿，甭提心里有多舒坦啦。可是再过年把，人家没退休的同人，加薪的加薪，晋级的晋级，薪俸袋里的大钞，越来越厚，可是再摸摸自己的口袋，越来越瘪，退休福利存款更是日渐萎缩，当年豪气一扫而光，反而天天要研究要怎样收紧裤腰带才能应付这开门七件大事矣。

生老病死是人人难免的，到了七老八十，红份子虽然未见减少，可是白份子则日渐增多，自然每月跑殡仪馆的次数，就更勤快啦。在殡仪馆吊客中，当然有若干是退休的老朋友，有的数十年未见，虽然庞眉皓发，可是冲衿宏度不减当年；也有些半年不见，形材腼腆，暗钝愚骏，仿佛变了一个人一样。我看了这样情形之后，深自警悟，一种人是有生之涯有所寄托，一种人是浑浑噩噩，忧闷不快，精神未获纾泄。

我在退休前两年想过，整天忙东忙西的人，骤然闲下来必定感觉手足无措，如何自我排遣，倒要好好考虑一番呢！写字画画是修心养性的好消遣，可惜担任公职期间，因工作关系，右拇指主筋受伤，握管着力即痛楚不堪。想养点花草培植几座盆栽，蜗居坐南朝北，楼栏除了盛暑偶露晴光外，一年之内难得有几小时得到日照，这个计划又难实现。思来想去早年也曾舞文弄墨，只有走爬格子一途，可以不受时空限制。抗战期间，又曾脱离过公职，闷来也是写点文稿打发岁月，不过一恢复公职我就立刻停止写作，一方面公务人员，不可以随便月旦人物时事，同时整天忙碌，抽不出空余时间，也就鼓不起闲情逸致来写作了。

自重操笔墨生涯，自己规定一个原则，就是只谈饮食游乐，不及其他。良以宦海浮沉了半个世纪，如果臧否时事人物，惹些不必要的啰唆，岂不自找麻烦。

寡人有疾，自命好啖，别人也称我"馋人"。所以把以往吃过的旨酒名馔，写点出来，也就足够自娱娱人的了。

先是在南北各大报章写稿，承蒙各大主编不弃，很少打回票，稿费所入，足敷买薪之资。知友盖仙夏元瑜道长，有一天灵机一动，忽然在《中国时报》"人间"副刊，开辟了一个"九老专栏"，特请古物专家庄严、画家白中铮、民俗收藏家孙家骥、京剧名家丁秉鐩、历史专家苏同炳、民俗文艺专家郭立诚、动物学家盖仙夏元瑜，还有笔者幸附骥尾，也在里头穷搅和，每周各写一篇，日积月累我居然爬了近二十万字。

当时《人间》主编高信疆，他的夫人柯元馨正主持景象出版社，撺掇我整理之后，把那些小品分类出版。一九七六年，我的处女作《中国吃》《南北看》终于出乖露丑跟读者见面啦。紧接着皇冠出版了《天下味》，时报出版公司出版了《故园情》。人家写文章都是找资料，看参考书，还要看灵感在家不在家；我写稿是兴到为主，有时一口气写上五六千字，有时东摸摸西看看十天半月不着一字。可是文章积少成多，一九八〇年十一月出版《老古董》，一九八一年八月出版了《大杂烩》《酸甜苦辣咸》，一九八二年出版了《什锦拼盘》，一九八三年出版了《说东道西》，以上几部书都是委托大地出版社发行。想不到从一九七六年到一九八三年八月之间，居然东拉西扯写了百万余言，自己也想不到脑子里曾经装了那么多杂七杂八的东西。拙作百分之七十是谈吃，百分之三十是掌故，打算出到第十本就暂时搁笔。

朋友们接近退休年龄的日渐增多，如果有兴趣的话，不妨写点不伤脾胃的小品文，倒也是打发岁月的好途径呢！凡我同志，盍兴乎来。

少年好弄

铁臂大元"蟀"
——秋凉白露话蛐蛐

蕞尔小虫却有不少丽雅的芳名

我在四五岁没到读书年龄，每天清早也就是蒙昽亮，就起床磨着家里护院的武师马文良学拳脚，学不了三招两式，又嬲着他带我到晓市抓草虫，好拿回来喂鸟。据说像靛颏、八哥一类能言会哨的鸟类，要给它活食吃，羽毛才能光滑，哨声才能清脆。

抓回来的虫儿，自然蚱蜢、螳螂什么都有，有一次在盛草虫的口袋里，倒出来两只迷你型的小蛐蛐来，叫的音调悠扬清越，我舍不得拿来喂鸟，于是装在一只火柴盒里，送给祖母去看。她老人家对鸣虫种类认识得最清楚，说那不是小蛐蛐，叫"金铃子"，是蟋蟀别种，江南一带很多，京津各地可极少见。当年住在苏州，每年初秋，墙阴幽草里都有金铃子鸣声断续，音波柔美，列为兰闺雅玩。北方人不认识它是金铃子，愣叫它"金钟"，称之为小蛐蛐则可，叫它金钟可就错了。说完顺手从抽屉里拿出一只精致细巧牛角雕花、嵌有玻璃的小盒来，让我把那对金铃子挪到牛角盒里饲养，此后才引起我养蛐蛐的兴趣。

开始读线装书的时候见到一个"蛬"字，老师说音"巩"，只知道是一种昆虫，后来读《尔雅》才知道"蛬"就是蛐蛐最古的名字。别看蛐蛐是蕞尔小虫，可是特别受人青睐，给它起了若干芳名，文人雅士呼之为"秋虫""秋蛬"，闺中巧妇唤它"促织""趋织"，南方人称之为"蟋蟀"，北方人叫它"蛐蛐"，本地朋友又叫它"乌龙仔"。"蟋蟀"二字名称虽雅，可是音促而仄，所以大家就都叫它蛐蛐，比较顺口，而且通俗些。

掏蛐蛐要懂门道，绝不许空手而回

北方捉蛐蛐叫"掏"，南方叫"灌"，行家一听叫"捉蛐蛐"，就知道您是新出道的雏儿了。每年一过中秋庄稼收割之后，青青草原就可以下乡动手掏蛐蛐了。在北平掏蛐蛐很少单人独骑，都是约上三五同好，赶在关城门之前出城，事先准备好干粮、水壶、电筒、药物，带着掏蛐蛐的一应工具，长短铁扦子，铁头手锤子，蛐蛐罩子，冷布做的晾子口袋，此外水囊、小喷水壶、火柴、闷灯都是必不可少的物件。掏蛐蛐专家要手脚轻、耳音好，一听见虫鸣，就能断定这只蛐蛐的强壮老幼，是上将之选，还是下驷之材，值不值得捉捕。蛐蛐虽然躯体很小，可是听觉锐敏，而且异常油滑，它一听到脚步声，把翅膀一压，就能让原来的声音韵律变得忽远忽近，让掏蛐蛐的扑朔迷离，摸不清方向，它好从容逃遁。

蛐蛐都是穴居的，不管是土堆、石缝还是树根附近公蛐蛐（俗名"二尾"）的巢穴洞口，总有一小块地方，收拾得平滑干净，以便引诱母蛐蛐（俗名"三尾"）来媾合。掏蛐蛐的认准方位，找到洞穴，在距离洞穴半尺左近，把扦子插进去，用火折子或手电筒照向洞口，把扦子一摇撼，蛐蛐受了震动，惊慌失措，必定是三尾先蹦出洞来，立刻用罩子把它扣上，等不了一会儿，二尾也跟着蹦出来了，也用罩子扣住。蛐蛐都喜欢往罩子顶上爬，这时候把晾子口袋松开袋口，把罩子对准袋口一吹，蛐蛐就自然蹦进口袋了。有经验的人碰上运气好，一晚上平均掏个二三十对是常有的事，可是熬一整夜白跑一趟的，也不算稀奇。不过掏蛐蛐有个小迷信，假如哪一晚毫无所获，再不济也要掏一两对梆儿头（"梆儿头"是一种只叫不斗的蛐蛐，叫起来声如敲梆子，所以叫它梆儿头）回来，说是压罐儿，否则这一季别想掏到好蛐蛐。这虽然是一种迷信，可是掏蛐蛐的朋友都信守不疑。

四黄、八白、九紫、十三青，共三十四等

有养蛐蛐专门经验的高手，把蛐蛐分为四种，计为四黄、八白、九紫、十三青，共分三十四等。黄种以铜皮黄为上选，白种推白麻头最杰出，栗壳紫是紫种里魁首，蓝靛颏是青色里状元。以色泽论，大致是：白不如黑，黑不如紫，紫不如黄，黄不如青，话虽如此，可是某种色泽中出了一只大材，斩将夺旗、勇冠三军的巴图鲁，也不是没有的。以形态论，颅额要方，颈颔要壮，腿胫必长，翅翼能张才算上选，至于头尖、颈缩、腿短、脚软就品斯下矣。关于贾似道《促织经》所

列琵琶翅、梅花翅、青金翅、紫金翅、乌云翅、齐膂翅、锦蓑衣、三段锦、红铃月、额头香、色腽铃等五花八门的匪号异名，全凭豢养者任便吹嘘，并没一定准绳的。

蛐蛐决战能够沉着耐战，是胜败的关键，这跟它生长的地方关系最大。苏州有位最负盛名的蛐蛐把式席师傅，他说："生于浅湿温土者其性软，生于石隙幽岩者其性刚，生于蓼渚芦湾者其性和，生于砂岩枯木者其性躁，生于坟墓砾丘而体硕声昂者，必定勇往直前，凌厉耐战，堪当总戎之选。"这些说法是根据《促织经》《蟋蟀谱》记载，再加上临场观察实际经验荟萃心得而来，都是十分可靠的。

盆养之外，还喂蚧蛤酥、虾虎蛋以壮筋骨

蛐蛐按大小、轻重、色泽分类后，再把犯有仰头、卷须、嗑牙、晃腿种种不敦品的剔除外，然后把材堪大用的一雄一雌放在一个罐里，把式们的行话叫"盆"起来，等到正式下场才不会躁进而有耐力。养蛐蛐第一要手轻心细，而且要有耐性。蛐蛐罐子在使用之前，先得用细砂土砸底（北平蛐蛐把式总提倡用平则门外核桃园的细沙土，说是软硬粗细最为适宜，其实无非骗东家几文脚力而已），以免存水。每天清晨趁露水未干，先把罐子洗涮干净，然后把食罐水罐也冲洗一遍，将毛豆砸碎放在食罐里，清水添在水罐里，更讲究的人家，甚至于把荷叶上的朝露接下来，给自己心爱的秋虫当饮料，说是可以增长气力。

蛐蛐把式更各有各的秘方饲料，什么蚧蛤酥、鳜鱼脑、虾虎蛋、芡实肉、松子仁、茯苓叶都是他们用来强壮蛐蛐筋骨的营养剂。

蛐蛐罐里还要安放一具"过笼"，大约有四分高，六分宽，两头有洞供蛐蛐出入，原料以澄泥烧的居多，年代越陈越好。因为新的过笼火气没褪净，蛐蛐的须容易变脆，一下斗盆，一两回合就会拗折，虽然无关胜负，可是对于声势，可就大有影响啦。

谈到蛐蛐罐儿，讲究更多，凡是玩蛐蛐的，从南到北都知道赵子玉的罐子最好，玩家要拥有真正赵子玉的罐子半桌（十二只）以上才算够谱儿。赵子玉是河北省三河县人，他毕生以烧蛐蛐罐为业，他家有块坨地，土质细腻光润，制造出蛐蛐罐来澄泼似玉，不传热，不渗水。共有大小两种，大的五寸见圆，小的只有三寸半，盖子厚重有五分高，盖起来严丝合缝，绝不透光。盖底罐底都烧有"古燕赵子玉"五个字长方正楷图记。

舍亲札克丹送我的赵子玉蛐蛐罐

笔者刚懂得养蛐蛐，在舍亲札克丹家，偶然发现他家从小客厅到花园，中间有道花墙子月亮门，里外镂空墙壁光滑不见苔痕，细一看才知道整堵花墙子都是用蛐蛐罐堆砌起来的。札家原本是清朝世袭铁帽子公，他的府门有一副对联，是顺治的御笔：上联是"开国元勋府"；下联是"除王第一家"。字虽普普通通，可是口气豪迈，遥想当年他家气势如何煊赫的了。

据说札的先世最爱斗蛐蛐，到了晚年不养蛐蛐，就把积存的蛐蛐罐砌成花墙子了，他知道我正在养蛐蛐，就说砌墙的都是普通罐子，过一两天挑选几个好一点儿的送给我玩。谁知没过几天，他带着听差，挑了一圆笼蛐蛐罐，一共是全桌二十四只，亲自给我送来。他告诉我，市上卖的镌有赵子玉图记的十之八九是赝品，他家砌墙的虽然都是真正赵家窑的产品，但都是普通货，送给我的才是精品呢！

他指给我看，罐盖底沿镌有一只小葫芦，中间还嵌有一个篆书赵字，凡是有葫芦赵字的，都是赵子玉特选澄泥，亲自动手烧制的，一共也不超过四百几十只。据说早年赵子玉在三河县得罪了某王府一位皇粮庄头，不但捏词要送官治罪，而且仗势要把他那块澄泥坨地没官。幸亏札公爷在三河有块旗地，听得其情加以援手，亲自到王府关说剖白，赵子玉那块宝地才获保全。赵子玉感恩图报，凡有精品出窑，总忘不了送札恩公一份。我把札府送我的蛐蛐罐盖子翻过来细瞧，果然都有比玉米粒稍小葫芦赵的标志。同仁堂的乐咏西说："我也有两只葫芦标的赵子玉的罐子，比一般赵子玉罐子要重八钱。"我上戥子一称，果然一点儿也不差。

虫将军拗怒兴戎，头触交锋

斗蛐蛐必须使用扦子（南方叫"探子"）来挑斗，最原始是使用促织草，其形状仿佛墙头长的狗尾巴草，一茎四穗，对节而生，绿野陇亩之中到处滋长。每年阴历四月底五月初，草长到六七寸长，就把它采下来，剥开穗颈，茎皮里层，有三寸多长的一撮柔韧软须，经过日晒风吹，锋芒变得更为柔软。上锅蒸熟去其青草味，阴干之后，拿来驱尾捻须，既能触发它的战斗性，又伤不了它的须尾。当年蛐蛐贩子都附带卖这种扦子。后来有人动脑筋，把象牙或骨头签儿用黄蜡丝线缠上几根老鼠须当扦子，那比促织草又高明多了。一般蛐蛐把式为了铺张炫耀，更是琢石磋玉，技巧横出，把自己用的扦子捯饬得珠光宝气，以抬高自己蛐蛐的身价。

把式们说："鼠须扦子有家鼠田鼠之分、雌雄老幼之别，其中还有不少窍门，足以影响战斗的胜负。"那些是属于把式们的奥秘，就不肯随便告诉人啦！

我国古代斗蛐蛐，原本是观赏它的智力、视力、胆力、体力、脚力、牙力，看看虫将军们拗怒兴戎，怫须切齿，头触交锋各种姿态的一种娱乐，后来才演变成以它们的胜负来做赌注，未免就失去娱乐价值了。

　　台湾在日据时代，以赌注斗蟋蟀就很流行，为了掩饰赌博行为，美其名叫"秋兴"。既然含有赌博性质，主持这种赌局的自然鱼鳖虾蟹品流庞杂了，不是钱财来路不正的有闲阶级，就是带点流气的纨绔子弟。总而言之开设赌局，必定有黑社会人物挡横，还得有日本刑警撑腰，否则没有不垮台的。赌局老板叫"栅主"，市区开局多在夜晚，乡村则在白天，至于时间地点，流徙不定，有跑腿的用暗号随时联络，局外人是无法窥其堂奥的。

　　赌场为防被抓，不用现金，一律用特制的小竹牌子当筹码，一根牌子叫"一枝"，金额大小由斗者双方临时约定，自己没蟋蟀而参加下注叫"帮花"，又叫"跟彩"。有些人不养蟋蟀，专门帮花，所下彩头比本主还大，要是胜了，本主还能反过来向帮花的吃红，这种帮花大户，是赌场里最受欢迎的角色。赢家按一成给赌局抽头，赌注越大，分的彩金越多，自然被他们视为财神爷啦。以上这些，都是里港乡一位老乡长自身经历，亲口告诉我的。

以虫会友，胜负只是茶叶几包

至于北平斗蛐蛐，表面上是以虫会友，可是胜负分明之后，负方要送胜方几包茶叶，算是请朋友们喝茶道谢助威，不算赌博，所以大明大摆，不怕官方加以取缔。早年北平东西南北城各有一处蛐蛐局，其中以西城的规模最小，南城的最大。笔者在学时期，家里虽然不禁止我养蛐蛐，课余跟同学们斗蛐蛐玩则可，到蛐蛐局去赌斗固所严禁，就是去赌局参观，也在家里禁止之列。西城的蛐蛐局在丰盛胡同西口关帝庙（俗名"小老爷庙"），跟舍间相距不过百步之遥，可是格于家规，始终未敢越雷池一步。

有一天，警察厅内二区署长殷焕然来舍间有事，临走他要到附近一带查勤，他拉着我一块儿出去逛逛，信步就走到小老爷庙啦。他要进去看看，我自然欣然跟着进去，庙里这座小竞技场搏战正酣，把个八仙桌挤得里三层外三层风雨不透，酒气烟雾熏人欲呕，我站在高凳上看，也看不真切，也不知道是谁胜谁败。大家看署长大人光临，虽说不是赌博，可也不敢过分嚣张，斗局草草终场，我也可以说是败兴而归。

南城的蛐蛐局设在前门外打磨厂三义老店的东跨院，有一年，名震当时的"南霸天"钱子莲，从落岱进京到舍下来拜节。他是三义店的合伙人，正赶上北平养蛐蛐名家牙行"红果李"跟柿饼黄家在三义店蛐蛐大决赛，我磨烦钱三爷带我去开开眼界，他自从改邪归正，追随先祖近二十年，他说带我出城听戏下小馆，祖母自然不好驳他面子。

虽是小道，亦可见世态的炎凉

蛐蛐局设在三义店跨院的五间敞厅里，窗明几净，是供客人们喝茶起坐的地方，后山墙一溜长条案，摆满了各式各样的蛐蛐罐子，都编了字号。屋里虽然收拾得极为干净，可是地下不用方砖墁地，而用确实的新黄土，说是蛐蛐局的规矩，我想蛐蛐蹦了容易找是真的。屋子正中放着两张榆木白茬儿八仙桌（不上油漆的本色桌子叫"白茬儿"），桌子上放着比海碗略小的澄泥斗盆，另外一头另设一张六仙桌。除了笔砚账册之外，正中放着一具精细的小天平，一头有一个擦得锃光瓦亮的细铜丝笼，另一头天平架子上排满了小砝码，入局的双方都要先把自己的宠物送公证人称体重，然后登账记注。胜者挂红茶叶若干包，跟红注的姓名包数也要逐一登账，一切停当才能开斗。

双方当事人或蛐蛐把式，以及跟红注的人，都坐在桌子四围观战，大家屏息注视，鸦雀无声。双方把蛐蛐放入斗盆，由公证人用扞子拨弄蛐蛐尾儿，引着双方对面，再用扞子轻轻撩拨双方触须，等到彼此拧须摇尾，进入短兵相接程度。如果双方势均力敌，互相啄击，露出大牙咬在一起，能翻拧两个转身还不松嘴。等到第二回合，双方能咬得腿断须残，大牙突出，久久不能合拢。胜者乘胜追逐，振翼长鸣，音节嘹亮，败者沿盆疾走，仓皇狼狈，风采全失。胜者虫雄主傲，得彩批红，败者垂头丧气，愤恨之极能把蛐蛐当场分尸。转眼之间，冷暖分明，此虽小道，立刻看出世态是多么现实炎凉了。

"李闯王"连斗九场，赢得茶叶四五千包

北平斗蛐蛐以若干小包茶算彩头，当时以铜元论值，说明是两大枚、五大枚或十大

枚一包的茶叶多少包来计筹的。彼时北平各大茶庄如东鸿记、吴德泰、张一元、庆林春都可以开茶叶票，开个千儿八百包悉听尊便，不拿茶叶，折现九五，等于赌现钱，反而更方便。北平有头有脸的斗蛐蛐大户，计有牙行红果李家、外馆甘家、同仁堂乐家、名医秋癞子、天寿堂饭庄徐家，还有名须生余叔岩等，这些位都是三义店斗蛐蛐的豪客，有局必到。一开局，每家都是论桌（二十四罐算一桌）把蛐蛐挑来，虽然不一定只只下场，可是论桌挑来声势浩大，也可先声夺人。每只蛐蛐大概都起有名号，什么铁头将军、无敌大师、赛吕布、勇罗成。红果李有一只叫"李闯王"的，连斗九场，给他赢了四五千包茶叶，有些不学无术的人给蛐蛐起的匪号光怪陆离，听起来简直令人喷饭。

到了抗战军兴，日本人窃据华北，有钱有闲的人日渐稀少，顶多在街头巷尾偶或还有无知顽童拿出几只蛐蛐互斗为乐，至于大规模设局斗蟋蟀，华北一沦陷就成为历史上的名词了。

第一次国民大会在南京召开，笔者住在南京白下路一位世交年伯家里，晚饭后闲聊，就聊到斗蟋蟀上去了。据那位年伯说："太平天国建都金陵的时候，因为东王杨秀清是个蟋蟀迷，所以当时斗蟋蟀就成为最时髦的娱乐了。杨秀清所住八府塘别墅，有一间玉户珠帘，专为斗蟋蟀的花厅，厅堂正中砌有一座云白石的平台，丹阶四出，供人立足，正对平台一块屋顶正中，嵌有一大片明决瓦采光，天窗疏绮，晴空四照，虫将军厮杀搏斗，可以看得纤细靡遗。可惜旧日明堂宏构，现已沦为散装粮仓，否则倒可以带你去一窥昔年太平天国的琼圃丹垣，豪华残迹呢！"

后来我在苏州胥门外一家叫"兰苑"的野茶馆瀹茗，发现他后进有一间四窗八牖的小敞厅，屋顶也是用明决瓦采光，据说这家茶馆早年是苏州著名的蛐蛐局，一切设施就是模仿东王府那间蛐蛐厅建造的，不过具体而微而已。彼时斗蛐蛐在苏州还算是一种秋兴，官府尚未明令禁止，可惜时届暮春，去非其时，只好徘徊瞻望一番而回。

唐明皇耽于逸乐，后宫粉黛蓄养蛐蛐成风

根据古籍上记载，中国远在初唐时期，宫廷妃嫔中就开始有人养蛐蛐了，不过最初只是深宫寂静，凭栏吊月，闻声自娱而已。因为蛐蛐这种鸣虫，随气候高低而能变更音调，不但起伏旋律变幻多端，而且抑扬婉转，令人有疑远似近的感受。在冷露嫩凉的秋夜，静听蛐蛐鸣声，确实有一种说不出的韵籁。到了唐玄宗天宝年间，那位风流天子耽于逸乐，后宫粉黛蓄养蛐蛐成风，嫔媵婕好彼此夸强斗胜，流风所及，权臣勋戚也都乐此不疲，驯至南北各地变本加厉，把斗蛐蛐演变

成最流行的赌博了。

到了宋室南迁，左丞相魏国公贾秋壑（似道）是历史上最有名的养蟋蟀专家，尽管金兵大举南犯，军情紧急，羽檄像雪片般飞来，他仍然好整以暇，把饲养蟋蟀心得，描绘图谱写了一本《促织经》，分令各州县照谱遴选奇虫异种，用十万火急文书赍送南都，供他娱乐。他在葛岭专为斗蟋蟀盖了一幢别墅，取名"半闲堂"，表示他在军务倥偬之中，只能偷得半闲用来自娱，瞒着皇帝，躲在半闲堂日以继夜跟姬妾们斗蟋蟀为乐。外官黜陟，甚至以视其有无佳种供其玩乐为准的。后世历史学家有人认为南宋沦亡，是贾似道斗蟋蟀斗垮的，虽不尽然，但也不能说全无道理。

藏园老人傅增湘（沅叔）藏书很杂，他有一部明版贾似道的《促织经》，是宣德重刻，用重金从琉璃厂书肆搜求而得，来熏阁书店徐老板是版本专家，他说此为海内唯一精椠孤本。这句话被袁豹岑（袁世凯二公子）听到了，几度跟老世叔商借，准备重刊，始终未蒙沅叔先生首肯，所以那部《促织经》终于成为世不经见的秘籍了。

马士英以蟋蟀胜负决定大军攻守进退

明朝宣德皇帝是位声色犬马无一不好的逍遥天子，对于斗蟋蟀也是爱玩之一，他虽然没留下《蟋蟀谱》《促织经》一类的专书，可是，他让官窑定烧的白地青花过笼、食罐、水罐、斗盆，到了后世豢养蟋蟀人的手里，都成了奇珍异宝啦。

明末李自成攻陷北京，福王由崧被群臣拥立南京，东阁大学士马士英不但昏聩专权，而且也是个蟋蟀迷，秋虫一登场，他不管前方军事如何失利，照旧整天以斗蟋蟀为乐，甚至以蟋蟀胜负来决定大军攻守进退。至兵败被俘抄家问斩，他还不忘情心爱的蟋蟀，因此博得了"蟋蟀相公"的雅号。

明朝擅写小品的袁中郎，文章固然清逸隽永，同时也是养蛐蛐高手。有一天他跟几位好友到郊外喝野茶，踏上归途，已经是秋草斜阳，炊烟四起了。路过一座古庙，忽然听见秋虫唧唧，清远嘹亮，知道必是出色佳种，寻来觅去，鸣声忽远忽近，结果发现蛐蛐藏在庙门外，一只大半湮没在宿草中石狮子的嘴岔里。照《促织经》上记载，凡是栖身在丘垄层螺里的秋虫，必定是骁勇善战的异种，若被它逃掉，岂不可惜。于是用巾袖堵住石狮子左右嘴岔，让书童飞跑进城取来一应工具，总算把那位虫将捉了回去。袁中郎有一篇《畜促织》，据说就是那次兀立个把时辰所得的灵感呢！

兴家有功，金裘玉裹，葬蛐蛐于祖茔

随园老人袁简斋除了饮食声色之外，对

于斗蛐蛐也兴趣甚浓，据说他从回廊石缝中捉得一只蛐蛐，乌头金翅骠健耐搏，每战皆捷，称之为"威勇侯"。在它死后，还特地用象牙刻了一只小棺材，葬在书斋窗外一个种满银桂的小丘上，可以随时凭吊。随园是有名的多产作家，有关蛐蛐的诗也不少，他有一首斗蛐蛐诗："奏凯唱铙歌，鼓翅如金钟，汉有虫将军，毋乃汝同宗。"就是为他跟钱塘一位富商斗蛐蛐，他的"威勇侯"赢来一幅宋人《煮茶园》而作的。此外他咏蛐蛐诗古风律诗绝句有二三十首之多，白下人士称他为"蟋蟀诗人"，也可以说是名副其实的了。

　　抗战胜利，笔者于役东北，有一次去承德公干，路经叶柏寿，住在一家旅馆里。那家旅馆是套院平房，看见南墙根放着一堆蛐蛐罐，有三四十只，虽不是什么赵子玉的精品，但也琅玕黝垩，是上好澄泥烧制，店东必定是一位养蛐蛐行家。兵燹之

27

余，萑苻不靖，太阳一下山，大家都关门闭户，路静人稀，晚饭后无处可走，信步到了柜房跟账房伙计们聊天，才知道他们店东姓康，原本是叶柏寿的首富，民初家道中落，老掌柜唯一嗜好是养蛐蛐。他有一只取名"金头将军"的蛐蛐，跟汤二虎（可能是汤玉麟）斗蛐蛐连战连胜，不但把房子田地都买回来，还顶过来这家旅馆。"金头将军"死后，他金装玉裹把蛐蛐葬在他家祗坟墓间祭坛之前，虽然封而不树，可是立了一块小石碣，写明"金头将军"战功，以志感怀。叶家茔地翠色参天，层阴匝地，寻丈宝顶之前，还竖立一座高不盈尺的小宝顶，显得非常刺眼。叶家坟茔缩縠四达，蛐蛐坟经大家传说，变成叶柏寿一项景观。可惜我格于公务倥偬，未能前往一开眼界，把蛐蛐葬在祖茔的怀抱里，也真是罕见罕闻呢！

背着夫子养蛐蛐，东窗事发罚抄蛐蛐词

笔者童年，家人虽没有禁止我喂养蛐蛐，可是涉有赌博性质的斗局，是绝对不许参加的。先师阎荫桐夫子督课尤严，对于花鸟虫鱼认为都足以玩物丧志，不准养殖，我的蛐蛐都背着老师养在双藤别院游廊两排石磴上，跟书房一东一西，等闲老师是不会来的。有一天他的世谊郭世五（藏瓷名家）想观赏舍下双藤老屋院里左右拱立玲珑剔透的两座太湖石，发现石磴上摆满了各式蛐蛐罐子，知道是我喂养的。第二天，先师在宋代词选挑出姜白石调寄《齐天乐》、张功甫调寄《满庭芳》，都是有关蛐蛐的词，前一阕一百零二字，后一阕九十六字，让我在白折子上用正楷各抄三遍，说这两首词意境很高，抄几遍才能牢牢记住。其实寓惩以讽，彼此心照而已。直到现在姜词的"西窗又吹暗雨，为谁频断续，相和砧杵……"，以及张词"月洗

29

高梧，露溥幽草……"，种种情怀，还时萦脑际呢！

　　台湾的蛐蛐，似乎比大陆的蛐蛐特别肥壮，我在云林县斗六镇市场边看过一次斗蛐蛐，也是双方把蛐蛐先上戥子过分量，讲好彩金若干。不用斗盒，他们把粗如儿臂的麻竹锯成二尺多长，一剖两瓣，双方各把蛐蛐放在自己手掌上一磕，蛐蛐就蹦到半圆形的竹片里了。路只一条，不用扦儿扫尾，也不用促织草捻须，迈步直前，自然对面，须搭顶触，立刻拧须摇尾，张开大牙互相撕咬起来，拼拗几合，只要有一方六脚朝天，立刻松嘴落荒而走。别看台湾蛐蛐躯干虎虎，可是缠斗精神比大陆的蛐蛐可就差多了，大陆蛐蛐虽然短小精悍，可是都能再接再厉缠斗不休，势必把对方咬得腿断须折才定输赢的苦战精神，的确令人振奋。

先输于酒，再败于虫，刘少岩怒吞"金翅鹏"

民国二十年，武汉大水之后，草木茂密，禽虫飞蠕繁殖异常。第二年田野陇亩之间，新凉露冷到处秋虫唧唧，据父老们说，这是大水后必有的现象。武汉三镇卖蛐蛐的贩子一增多，大家也就鼓起养蛐蛐的兴趣了。汉口金融界闻人吕汉云，有人送他一只名种蛐蛐，取名"无敌天王"。既济水电公司刘少岩，有人从藕池口捉来一只两翅金黄的蛐蛐送他，他取名"金翅鹏"。两人都是武汉商场上大亨，又是俱乐部的牌友，酒酣耳热之余，有人撺掇他俩把自信所向无敌的虫将军拿出来较量一番以资醒酒。两只蛐蛐果然都是沙场老将，鏖战四五回合，虽然全都到了牙张力竭，可是谁也不肯后退。结果"金翅鹏"左胯一滑被敌人乘机扭伤，慑慑发怵，绕盆而走。刘少岩先输于酒，再败于虫，一怒之下，借着三分酒意，抓起他的金翅大鹏愣是一口吞了下去。后来俱乐部的朋友背后叫他"麻叔谋"(隋朝名将麻叔谋,喜欢吃小孩出名),据说是名票章筱珊给刘起的。平素只听说有人斗蟋蟀落败,恨极把蟋蟀生吞,想不到真有其事,未免太残忍了。

今年台湾夏季苦旱,几十天不下雨,农民缺水插秧,田间喷洒农药次数减少,蟋蟀因此大量繁殖。早年台南盐水镇斗蟋蟀,是闻名全台的,蟋蟀一多,又值暑假,于是引起青年人下田掏蟋蟀的兴趣,有些人利用早安晨跑,带了捉捕器具,到池边沟塍循声捉捕,运气好的一次捕捉一二十只能斗善咬的二尾,并不算稀奇。今年在盐水就举行过好几次斗蟋蟀大会,这个消息被台北一家百货公司听到,立刻邀请盐水镇养蟋蟀人士,组成红白二队,携带若干能征善战的蟋蟀,乘坐冷气汽车到台北来举行一次蟋蟀大赛,供顾客们观赏。因为天气亢旱,水源枯竭,反而让大家重睹绝迹数十年斗蛐蛐盛况，真是意想不到的事呢。

蛐蛐炸炒上台盘，焚琴煮鹤大煞风景

彰化埤头乡，是中部芦笋主要产地，因为今年蛐蛐繁殖得过分迅速，刚从畦里钻出来的芦笋嫩芽，都被它们啮烂，以致笋农向农会缴纳芦笋时，啮痕斑斑，影响外销，打了回票。农会有人动脑筋，想出一个捕捉蛐蛐比赛的方法，发动四健会员跟农会会员为主干，选定一个假日举行，每只蛐蛐作价两元收购，一个上午连掘带灌就捕获了五六百只。他们有人异想天开，把蛐蛐用水洗干净了，用蒜头、豆豉、大盐、辣椒、味精半爆半炒，来呷啤酒。据尝过这种异味的人说，跟天津人吃炸蚂蚱滋味类似。姑不论味道如何，在玩过蛐蛐的人想起来了，总觉得焚琴煮鹤，未免大煞风景，假如起屈灵均袁子才者流于地下，不知又有若干奇文妙句叹息凭吊呢！

我把炒蛐蛐下酒这桩新闻说给名生物学家夏元瑜教授听，他说："台湾有种大蛐蛐，俗名'土猴'，食量大，破坏力也强，跟一般能咬善斗的蛐蛐同类异种，他们炒着吃的大概是土猴。"我想当年我养蛐蛐，一粒毛豆要啃上两天，何至于祸及芦笋，成了惨重的灾情呢！现在知道是两码事，心中也就释然了。

蝎子蜇了别叫妈

谈到"五毒"，南方北方其说各异，南方五毒里有蜈蚣没有蝎子，北方五毒里有蝎子没有蜈蚣，所以南北五毒也就不一样了。蜈蚣跟蚰蜒（蒙衣虫）都是节足动物，有二十二环节，每节有脚一对，钩爪锋利，端有小孔，从毒腺里放射毒液。北方只有蚰蜒、钱串子（虫名）。我在北方住了几十年，只在舍下门房看见过一只七八寸长红大蜈蚣，据说可能是躲在卖南菜的货担子里，渡海而来的，北方是不可能有蜈蚣的。

蝎子属于蜘蛛类，一般都是黄褐色，有一种青黑色的，北京人叫它"青头愣"，因为毒腺特别发达，蜇了人分外的痛。蝎子额头上有对触须，有如螃蟹的钳子，尾巴上有一只毒钩，遇到敌人，尾巴往上一翘，蜇人射毒。如果被它蜇上，火烧火燎地痛，那个滋味实在不好受，不到毒液消失，是不会止痛的。蝎子怕日光火光，经常躲在阴暗卑湿的墙缝屋角等地方，昼伏夜出，到了夜晚才敢出来活动，一方面求偶，一方面觅食。蝎子从来不会无缘无故蜇人，总是人类或别的虫豸先侵犯了它，为了防卫自身安全，它才挺钩一蜇。

在台湾每一个家庭，最厌恶的是厨房里的蟑螂，不管您用什么"克蟑"、"灭蟑"、专治蟑螂的杀虫剂，天天喷洒，也只能绝迹一时，一旦停止喷洒，真是野草烧不尽，春风吹又生，过不了三几天慢慢又恢复活跃起来。蝎子在北方乡间，那比台湾蟑螂还要可怕。蟑螂只是啃啮食物，人吃了不卫生，容易传染疾病，蝎子可就不同了，因为乡间照明设备欠佳，死角处处，一不小心让它蜇一下，不但痛彻心肺，如非赶快擦药，能够红肿胀痛好多天不能干活儿呢！

蝎子的繁殖力异常惊人，我在读小学时期，年轻好弄，用赵子玉的蛐蛐罐子养了好多只青头愣的大蝎子，将蛐蛐罐严丝合缝，虽然它身扁善钻，可也跑不掉。母蝎子在生产之前，全身膨胀得发亮，如果喂它点儿蚁卵吃，不但预产期可以提早，而且生得极快。据老辈人说，蝎子一胎生九十九只，连母体一共是百只，我在蝎子生产时，曾经注意数过，因为蝎子生得快，爬得快，不一会儿就是密密麻麻一大堆，永远数不清。每胎生个百把只，可能只多不少。蝎子生育，既不是胎生，也不是卵生，而是待产的母蝎子，一阵肢体颤动，从脊背上扯裂一条缝，小蝎子就争前恐后挤出来。等幼虫全部出清，母蝎子此时母职已尽，缩成一张蜕皮了。因为蝎子生下来就没妈，所以北京人说被蝎子蜇了，不能叫妈，越叫越痛，这个老妈妈论，就是从这里来的。

　　壁虎，北方叫它"蝎虎子"，浑身软绵绵，既无利螯，又无毒针，居然是蝎子克星，蝎子遇见它简直无法逃遁。两者相遇拼斗结果，最后蝎子终于变成了蝎虎口中之食。我最初听人说，蝎子斗不过壁虎，所以才有人叫壁虎为"蝎虎"，还不十分相信，为了证实此事，在养蝎子之外，又养了几只壁虎。壁虎身体滑扁善钻，只好把它养在细孔的铁丝笼里，凌空吊挂，否则一不小心，就是猫咪的一餐美食了。

　　我把壁虎跟蝎子放在一只径尺的绿豆盆里，看它们搏斗，绿豆盆挂有很厚的釉里，所以也无虞战败一方弃甲而遁。两者在盆底一旦相遇，蝎子平素那股子轩昂倨傲意态，立刻收敛起来，转身想溜，可是它动作没壁虎来得夭矫迅卷，左转右转，壁虎总是拦在当头，逃既不可，最后只好奋力一战了。

俗语说得好，"一物降一物"，那是一点也不假的。蝎子遇见壁虎，有如人畜遇见猛虎，战慄失色，目恫心骇，手脚发软，唯有蜷伏愕视，蓄势待机。壁虎也知道对方慑于自己声威，围着蝎子急走，圈子越绕越小，大概绕个两三圈，很巧妙地蹿过来，把细长尾巴伸到蝎子背上一点，蝎子尾巴一翘，毒针不偏不斜，正好刺中壁虎的尾巴尖。我想物物相克，尺寸拿捏得真是恰到好处。壁虎挨了一毒针，立刻转身摇尾，很快就把中毒的一小节尾巴尖自行拧掉，壁虎虽然甩去一节尾巴，却好像毫不在乎，仍旧纵身围着蝎子游走，抽古冷子又把尾巴点向蝎子的脊梁。蝎子一弯钩子，又刺个正着，如此一连两三蜇，壁虎尾巴断了两三次（有人说直、鲁、豫的壁虎尾巴环节，比别处的多两节，如遇顽强敌人，可断成秃尾巴壁虎，是否属实，那要请教生物学专家夏元瑜教授了）。蝎子经过这几次折腾，已经筋疲力尽，毒针里所含毒液也都放净，只有蜷伏不动。壁虎认定时机已到，一扑而前，一口先咬破蝎子肚皮，继之啮嚼兼施，偌大一只蝎子，顷刻吞吃殆尽。壁虎蝎子的一场龙争虎斗，维是蕞尔虫豸，可是大拼起来，细心观察它们斗智斗力，互用机心情形，比看斗鸡、斗鹌鹑还更有趣呢！台湾到处都有壁虎，而且新竹以南的雄壁虎还鸣声咋喈，只可惜台湾不产蝎子，这种战斗场面无法窥见了。

今年蝎子似乎很走时，在莫斯科举行的奥运会，有一个国家做的纪念章，就是一枚蝎子形状，秋天在欧洲举行的世界运动器材展览会里，厂商"上运公司"就推出一种造型奇特的网球拍，名为"毒蝎"（Scorpion），是用铝合金制造的，打击区域扩大，打击韧力坚强，备受各方瞩目，因此而接受了不少订单。想不到令人厌恶的蝎子，还居然鸿运当头，有人拿它当招牌做幌子呢！

盘鸽子、养蝈蝈儿

　　早年养鸽子是年轻人的消闲之一。依据北平妈妈论儿来说，鸽子属于鸠类，有野鸽家鸽之分；野鸽又叫娄鸽（也作"楼鸽"），在田野虽然专吃五谷杂粮，在农人眼光里属于害鸟，可是飞到城里，在人家屋檐下一搭窝，主人家却认为财丁两旺，才有娄鸽来捧场。来不及用木板钉钉锤锤给它建造新居，就是遗矢满地，主人也毫无怨言。

　　家鸽是野鸽的变种，形态羽毛，种类甚多，不但续航能力持久，而且记忆力特强，纵然翻山越岩飞翔千里，照样不会迷途，飞回原地。因此清军入关前后，都训练鸽子传书递柬；所以清朝定鼎中原，八旗子弟养鸽子来玩，家里是不加禁止的。养鸽子名堂很多，他们不叫养鸽子，而叫"盘鸽子"。二十四只叫"一拨"，要盘最少两拨，飞起来成行列队才壮观好看。鸽子窝一定要搭在前庭的跨院，或是马圈里，不能跟正房成直线，免得压了家主的鸿运。鸽子笼，不论十层八层、三排五列，一律是坐北朝南，取其向阳通风，窝内干燥，上则防雨遮阳，下则避鼬鼠阻狸猫。

听北平崇文门外三里河一位崔姓鸽把式说："在咸丰同治年间，鸽子市在崇外花市大街，蜀锦吴绫，宫梅媒艳，跟一些提笼架鸟、歪戴帽、挽袖头的朋友，在一块儿挤挤蹭蹭，日子长了，自然免不了是是非非。"卖绒花绢花的，跟后宫粉黛多少都能拉上点关系，于是把卖鸽子的人挤出了花市。这批人也不是什么好吃果子、省油灯，有几个得宠太监给他们撑腰，于是他们反而搬到内城的马市大街鹁鸽市一带，比在花市生意更好。普通一点的鸽子有点子、玉翅、凤头白、两头乌、紫酱、雪花、银尾子、四块玉、喜鹊、花跟头、花脖子、道士帽、倒插儿等名堂；够得上珍贵的有短嘴、白鹭鸶、白乌牛、铁牛、青毛鹤、秀蟾眼、灰七星、凫背、铜背、麻背、银楞、麒麟斑、辛云盘、蓝盘、鹦嘴、白鹦嘴、紫乌、紫点子、紫玉翅、乌头、铁翅、玉环等名色。当年涛贝勒的公子金盘卿，在鸽子市买银楞、铁翅、紫点子各一对，半卖半让还花了六百块大洋。民国十二三年的六百块银圆，可以买二十多亩上则田，由此可知名种鸽子是什么身价了。

盘鸽子的每天早晚两次，必须把鸽子赶上天去，围着自己屋子绕，越飞越高，名为"打盘"。鸽子如果不这样训练，脑满肠肥，就成废物了。放鸽子之前，先分拨，二十四只一拨，要分只放上去打盘，每拨要选几只特别健壮的雄鸽，在尾部绑上壶庐，又叫

"哨子"。壶庐有大小之分，哨子有三联、五联、十三星、十一眼、双凫连环、众星捧月之别，在天空翛翛翩翩，五音交奏，响彻云霄，真可以悦耳陶情。

北平盘鸽子只数之多，首推永康胡同张恩煜。他是前清宫监小德张的嗣子，有一所跨院，完全改成鸽舍，有三个把式伺候他的一千多只鸽子。他每天放鸽子两次，回来点数，总要短少十只八只，都是让别人家的鸽子裹去了。好在他的鸽子生生不已，每次丢个十只八只，算不了什么。所以玩鸽子的朋友，给他起个外号，叫他"傻二哥"。

金盘卿住在山老胡同，他买的银楞、铁翅都是傻二哥鸽群的克星，他们住在北城，只要傻二哥一放鸽子，金盘卿的鸽子准定也放上去，三五个盘旋，傻二哥的鸽群一迷糊，就让银楞、铁翅这一帮给裹回来了，每次总有十只八只。有一次我到金盘卿的鸽舍看鸽子，他指给我看有一排鸽楼，其中两三百只，都是裹回来的。照规矩，裹来的鸽子如果知道是谁家的应当把鸽子送还，偏偏张恩煜认为鸽子让人家给架了去丢脸，死不承认，所以才有成群的鸽子，让别人喂养的怪事。

马厂钟杨家也是北平盘鸽子名家，清廷的钟表都由他家供应修缮，事情清闲，油水足，所以声色犬马，他家样样有份儿。他家盘鸽子能手叫杨厚厂，永远保持六拨鸽子，讲究精兵主义，鸽子放起后，忽分忽合，自成战阵，非常美观。名伶余叔岩也有盘鸽子的嗜好，总想跟钟杨家讨教讨教训练鸽子的方法，杨厚厂就是不肯跟叔岩说，后来他背后跟人谈论，他说："清晨鸽子眼神足，才容易接受训练，余叔岩日上三竿还没起床，是没法训练的；同时余叔岩自视甚高，又沿袭谭叫天的恶习，说个腔，做个身段，他不是推三阻四，就是藏头露尾，揣起来半手，咱们也让他尝尝拿乔是什么滋味！"所以大家都说杨厚厂有骨气。

梅兰芳在芦草园住的时候，就养了一拨鸽子，后来搬到无量大人胡同缀玉轩住，仍旧养鸽子。有一天他给李世芳说《刺虎》洞房走矮步身段，他说："吃这行饭，眼神儿一定要灵活，可惜咱们都患有近视，虽然不是太深，可是散而不拢，对于面部表情，就打了折扣，每天清晨放放鸽子，眼神儿跟天空的鸽子上下翱翔，能练得眼神儿收拢，就不大看得出近视了。"

后来上海名伶赵君玉、刘筱衡听到了都养起鸽子来。赵君玉有一对鸽子叫"玉娇娘"，从头到尾，其白胜雪，没有一根杂毛，在鸽友沪宁长途赛中，不但夺得冠军，比第二名要早到四十几分钟呢！

近十多年来养鸽之风，非常盛行，嘉南高屏等地高楼大厦上架鸽舍随处可见，飞航途程远至琉球，得胜所获奖金，动辄若干万，跟大陆当年盘鸽子是为了怡情悦目的情调完全两样了。

虫鸣鸟叫，都是有关时令的，中国人有些有钱有闲懂得生活艺术的，偏偏能够人力胜天，把虫鸣鸟叫的时序转变过来。福开森曾经说过，中国人最懂得生活情趣的，证之养蝈蝈儿就可以窥其大概了。北平荷花市场一开始营业，就有蝈蝈儿沿街叫卖了；家里有喂奶的孩子，大人上街遇见卖蝈蝈儿的总要买三两只，装在苇秆做的笼儿里带回来挂在屋檐下听蝈蝈儿叫。这时候的蝈蝈实大声洪，天越热叫得越欢，据说小孩听了蝈蝈儿叫的声音，不会得疳积病。

蝈蝈儿，乡下叫它"聒聒儿"，实际正名叫"螽蜥"，颜色分绿褐两色，天气越凉，蝈蝈儿身价越高。夏天一两枚铜元就可以买一只，中秋节前卖蛐蛐儿、油葫芦的小贩还有蝈蝈，一交立冬，您要想养蝈蝈儿，那您得跑趟丰台，有几家花洞子暖房还能买到蝈蝈儿，不过那时候蝈蝈儿的身价非今日可比，没有八块十块银圆，人家是不肯割爱的。

养蛐蛐儿讲究永乐官窑、赵子玉、淡园主人、静轩主人、红澄浆、白澄浆的蛐蛐儿罐。养蝈蝈儿要出色的葫芦，遂园主人六角葫芦，从葫芦刚一往上蹿，他就用松木板把葫芦绳起来了。恨天高杨二腰子葫芦，虽然他是个三寸丁，可是心思极为细密，腰子葫芦、扁葫芦，揣在怀里都不占地方。杨二拐的袖珍葫芦小巧玲珑，更是怀中宝贝，配上造办处德子紫檀镶虬角、驼骨嵌象牙、雕红镂山水的葫芦盖，再以荷包满（人名）做的衬绒实衲套，冬日向阳，陈列在玻璃前，铺上绒毡子大条案上，一边看蝈蝈儿晒太阳，伸须弹腿夔立蛇进雄姿柔态，一边欣赏木刻金镂、珠切象磋、珍奇瓠犀的蝈蝈儿葫芦，个中乐趣，只能跟同好谈，不能为外人道的。

冬天养蝈蝈儿，能揣着蝈蝈儿葫芦照样外出办事，毫无妨碍才算个中能手。葫芦里面天天清洁一次，同时还要用淡淡的龙井茶洗涮一番，然后晒干或烤干，让蝈蝈儿进驻。当年清廷宁寿宫有个看宫太监崔得贵，他研究用胶泥烧出像枕头型的槵盒，里头放上烧红的炭基，把蝈蝈儿葫芦排在上面来烘，效果极好，宫里宫外，凡是养蝈蝈儿的都以得到崔俺答的这种槵盒为荣，并且同赐嘉名"玉温枕"。抗战之前，北平北海公园里鉴古山房，就陈列一具玉温枕出售，上海藏瓷名家李木公看它彩符蟠屈，式样奇古，可是猜不出用途，经我说明，他以四百元买回去，留待酷寒时温笔润墨。玉温枕用有别途，这是崔太监当年绝对想不到的。

冬天揣蝈蝈儿葫芦，一定要有特制绒背心，还要在左右钉满了大大小小的口袋，外面穿大长袍大皮袄，再系上搭膊。有本事的行家，笔者看见过一次揣上二十七只大小葫芦，而依然能够动作自如，真可以说是绝技了。

当年北平财政商业专科学校，在马大人

胡同买了一所王公旧邸当校舍。府邸西花园有一处叫"又一村"，山坡上有一座像玩具大小的城堡，类似迷你型小土地庙，大家叫它"蝈蝈儿坟"。据说庙里一座小宝顶，里头埋的就是此屋小主人一只心爱的蝈蝈儿，你说他玩物丧志也可，你说雅人深致也对，总之中国人的生活艺术，是很难让人蠡测的。

调鹰纵犬话行围

从前打猎，最少也要十位八位才够一拨，有时候七八十口集体行动，所以打猎又叫"行围"。打猎的最好的季节是秋末冬初，那时候鸿雁、天鹅、雉鸡、麋兔都是最肥美的猎物；草木凋零，原野空荡，视线辽阔，最利行围畋猎。

中国人很早就懂得调鹰纵犬去打猎了，晋代葛稚川《西京杂记》里说："茂陵少年李亨，好驰骏狗逐狡兽，或以鹰鹘逐雉兔。"能够打猎的鹰犬，都是经过严格训练，才能追奔逐北斩获猎物的。笔者少年好弄，家表兄王云骧又是打猎能手，我们二人志同道合，每年一过春节就盘算如何调鹰弄犬，准备秋季行围，痛痛快快打点野味了。舍下有两个打更的，一个叫牛振甫，一个叫马文良，原先是谟贝子府护院的小徒弟，谟贝子故后，就被举荐到舍下来了。两人都经过名师指点，武功拳脚都很敏捷。谟贝子在世的时候，每年到西山畋猎，都少不了要带他们去护猎。牛振甫是马劳子兼狗把儿（养马的不叫"马把式"，叫"马劳子"），马文良是鸟把式兼鹰把式。

清初狩猎的犬是藏獒或关东猎犬，后来能打猎的狗都叫"细犬"，其实就是经过训练的土狗，不过挑选特别机警雄壮的而已。在北平狗市卖的，除了哈巴狗儿，就是小型土种狗，偶或有一两只鞑子狗，都已长大没法训练了，所以一般人养的细犬，不是花钱买的，十之八九都是偷来的。因此狗把儿得有三宗本事：相犬、训犬，外带还得会偷犬。狗把儿平日没事儿就得在大街小巷里胡乱蹓趿，对当街打盹儿、撒欢儿的狗，狗把儿一看认为品种不错，可以训练成材，便暗地里把地址记下来了，等到风雪之夜，路静人稀，换上絮棉花的皮板短衣裤，外面罩上一件又肥又大的老羊皮袄，在深更半夜找到他所要偷的狗，先在狗的附近踅摸一番，看看左右没人，然后走到狗的眼前，用足力气来个快速大转身，把大皮袄鼓荡成一把张开的伞形，往下一坐。这个坐式叫"老虎大委寓"，要有相当经验，轻重急徐都要拿捏得恰到好处。坐稳之后，听到狗哼哼两声，闷了过去，然后双手一抄，把狗裹在大皮袄里，神不知鬼不觉地抄了回去。到了家，把狗的四肢绑在抱柱上，嘴用细铁链一箍，马上拿快夹剪把耳朵齐根剪掉，用烧红的烙铁，在伤口上一烙，上点治伤药，血止了，狗也还醒过来了。据说做过这一番手脚，狗就把以前的事全部都忘掉，可以死心塌地效忠新主人了。这些鬼门道儿，狗把儿是不随便告诉人的。

打猎的鹰，有身份的人讲究用关外的海东青，一般海东青都是头蓝背青，产于吉林深山丛林里。宁古塔有一种羽毛纯白，一种带棕色斑点的叫"芝麻雕"。这两种鹰，性情凶悍，飞如闪电，喙似铁镟，爪如钢钩，搏取麋兔，有如探囊。据说乾隆皇帝蓄有一只海东青，全身纯白无一杂毛，两翼张开，有四尺多宽，因为体型巨大，不能臂擎，而用车驾。有一年在木兰围场狩猎，此鹰曾噬虎裂熊，后来乾隆下手谕，令内廷供奉郎世宁把这只白雕站在鹰架上的雄姿画了下来（此画现藏故宫博物院）。至于一般人打猎的鹰，不外是黄鹰或苍鹰，如果能得到一只在山海关里或是关外出产的鹰，已经算是不可多得的名种啦！鹰的重量最好是三十两上下最标准，太轻气短力弱，不能耐战；太重脑满肠肥，要肚子里油耗得差不多，才能着手训练，这种肥鹰自然训练起来费时费事多啦。

鹰把式训练野鹰，先用棉绳拴住它一条

腿，用布把鹰翅膀包起来，白天往空屋子里一扔，随它去尽量扑腾，不去管它。到了掌灯，野鹰挣扎了一整天，已经筋疲力尽，正想打盹儿，鹰把式点亮灯火，把它放在鹰架上，用灯光照射，只要它一闭眼，就用小竹棍在脑门子敲打敲打，不让它睡觉，耗个三五天下来，野性再大的鹰也熬得野性全失，乖乖就范。在熬鹰期间，为了补充它的体力，要喂它牛肉吃，先把牛肉在水里泡得发白，切成细条来喂，据说这是清它内火去野性的，等到鹰的粪便不拉绿稀水，这就表示野性已退，火气全消；这时候改用细麻绳拴白菜叶儿给它吃，起初必定不肯吃，就要用强，硬往嘴里塞，吃下去再拉出来，旨在刮光它的肠油。肠油刮净，才能训练。开始训练时，先用眼罩把它双目罩上，头再用黑布蒙上，野鹰必定又跳又蹦，在空屋里墙上钉三两只草把子，让它站在上面，它一定不肯，久而久之折腾累了，才肯落在草把子上休息；性子最长的野鹰，这样耗它十天之后，再用拉长的细绳拴住它一只脚，让它飞出打盘儿找野食。有的人甚至做假雉假兔，藏在草丛石隙让它捉捕，成了习惯，出猎的时候，自然操纵自如了。

我们既有得用的把式，鹰狗都是经过严格训练的，打猎应用的猎具，如钩竿子、马灯、手电筒、木杠子、粗细绳子、猎枪、水壶、干粮袋、医药箱、露营的帐篷，准备齐全，不期而集的好友，居然有二十多位，一应用具都放在一辆带篷的大敞车上，由牛马二人押首车到京西红山口安营扎寨。我们一行出了西直门都改骑小驴，一面逛青，一面试试小驴的脚程，到红山口聚齐，直奔我家祖茔红山口过去的六里屯，坟少爷陈万福，早已赶来坟地阳宅侍应。大批人马一到，立刻给我们一行打洗脸水，沏好茶，大家卸车喂牲口、拴狗、放鹰，一切停当，也就该吃晚饭了。乡下也没什么好吃的，无非是烙饼摊鸡蛋、贴饼子、小米粥、水疙瘩，就算是一顿美食了。陈万福把附近地形详细告诉大家一遍：东南平壤有时发现鸡窝兔子洞，北扬河是条六七丈宽的小河，有野鸭子一类水禽翔泳水面，西边笔架山是雉鸡、竹鸡大本营，望儿山除了山鸡还有狗獾、猪獾、野猪、獐、狐一类。野猪力猛性暴，要有三杆枪迎头痛击才能打它，如果火力不足，千万不要惹它，因为有猪獾在附近出没，可能有土狼闻到气味前来觅食，千万小心。

　　第二天破晓，大家分两拨出发，我同牛振甫带了关氏弟兄两杆沙子枪、两杆线枪，直奔北扬河。小河晨雾冥冥，水气澄鲜，牛振甫站在岸边捡了两块小石头，往苇塘里一扔，立刻惊起了五六只野鸭。我跟牛振甫一按枪机，应声打下了三只，此时关氏兄弟已把线枪灌了火药，鸭群闻声飞蹿，他们迎头一击，又是四只应声坠地，另外有两只掉在蓼渚芦湾里。我们的猎犬倒也机警迅捷，发挥了很大作用，泅入水塘把两只野鸭统统叼了回来。一共打了九只野鸭，总算不虚此行，见好就收，班师而回。等赶到笔架山，他们的战果也很丰硕，打了三只雉鸡、四只竹鸡，两拨人马移师望儿山，猎犬又捕获一只猪獾，另外有七八个人正围着一片屹岘的丛岩，放出两只鹰在半空打盘，猎犬在峭坡岩缝左近喧闹，说是有一只棕色肥兔藏在石缝里。鹰抓不到，狗咬不着，双方在那里干耗。我忽然想起背包里不是有一枝打泥弹儿的软弹弓子吗？何妨拿出来一试。头一弹打在石缝上方，泥片四散，吓得那只兔子一哆嗦，第二弹打在它的后胯上，它往外一蹿，立刻被猎犬叼住后腿，虽然又被挣脱，可是跑不掉，终于就擒。

云骧表兄说："在青龙桥圆明园之间，有个地名叫'大有庄'，当地人种一种紫色刀豆，是野兔最爱吃的一种食粮。"每年他单人独骑也能打到几只野兔。于是我们大队人马又开到大有庄，果然在一座黄土岗上，找到了一个兔子窝，鹰抓狗咬居然又打了两大三小肥野兔，此行斩获颇丰，大家高高兴兴齐唱凯歌班师回家。在海淀镇外琵琶湖又意外打了两只野鸭子。王云骧依照历年往例，进城之前，在阜成门关厢虾米居请大家吃一顿庆功宴。阜成门外虾米居是西郊著名的野酒馆儿，专卖保定府的"干酢儿"（土绍酒），后院紧靠一条活水小溪，他用渔网养着若干小河虾，随吃随捞，因此烩河虾也极新鲜。王云骧是每年秋天必定到西郊出几次猎，专打山鸡野兔，回来不论早晚总要在虾米居打尖。山鸡收拾干净，用姜葱木耳勾芡一溜，一大盘烩活虾。他每年打来的兔子，也是连皮带肉都送给虾米居东伙打牙祭，他仅仅要兔子的后腿，送到府门恒顺酱园，往后院酱缸里一腌，第二年把酱兔腿拿出来下酒。吃这种带野意的野味，是在城里大饭庄、大饭馆无论如何享受不到的。

第二年，本想再跟云骧表兄秋郊畋猎，可惜他随侍双亲赴东北大学讲学，打猎找不到好伴儿，兴趣也就索然了。等到橐笔从公，整年忙得晕头转向，哪还有闲情去打猎。渡海来台，偶然间有几位喜欢打猎的朋友，约我到高雄县的六龟打猎，虽然也打了两只果子狸、几只竹鸡、一只狍子，既无鹰犬，全凭气枪，情调完全不同。

抚今追昔，更令人兴起无限怅惘。等将来回大陆，鹰飞狗烹，自己也跑不动了，再有人谈到行围打猎，无非徒殷结想而已。

捏泥人

笔者从小对于泥娃娃就有偏爱，不择精粗，只要是泥捏的娃娃，我就设法买来庋藏。我有一座五层大立柜，没有几年，柜里泥娃娃就"人"满为患啦。等年岁稍长，把泥娃娃撷精取华，发现北方人捏得最好的是"兔儿爷"，南方人捏得最好的是"无锡大阿福"，什袭而藏。别人看也许是一堆烂泥巴，自己没事拿出来把玩一番，认为每件都是珍玩俊品，生怕磕了碰了。

先姑丈王嵩儒先生，早年在武汉时跟孙馨远（传芳）同隶王子春（占元）戎幕。某年王嵩老花甲荣庆，他不愿铺张，孙馨远约了几位当年湖北督军公署旧僚，备了一席酒菜，送到宝禅寺街嵩老寓所称觞为寿。同孙一块儿来的，有位黝颜鲐背、发已斑白的老者。给大家一介绍，才知道这位其貌不扬的老头儿，就是大名鼎鼎誉满京华的"泥人张"，是孙馨帅特地请来给老寿星捏喜容的。等到大家酒足饭饱，泥人张请王嵩老坐在他对面的沙发上，大家言笑晏晏，他把双手褪进袖筒里，不住地揉捏，也不过半小时光景，居然捏出一个缁衣芒鞋的老僧来，面貌神情与王嵩老简直一般无二。后来那泥像经过着色糁油，跟刻壶名家在鼻烟壶里给嵩老刻的无量寿佛造像，一并陈列在多宝格里，列为双松庐珍品。

泥人张说，捏泥人儿的主要原料胶泥，质地一定要细腻柔韧。北京门头沟的胶泥，也只是取其沙细黏重，勉强可用，做兔儿爷则可，若是拿来捏人像，就不能十分得心应手啦。他在满师的时候，师父给了他一块十多斤重的胶泥。后来他去给当年名丑刘赶三捏《探亲相骂》乡下亲家太太骑驴进城的姿态时，因为赶三年纪老迈，满脸皱纹，棱角分明，当时那块胶泥怎么捏，怎么得心应手，自己认为那是毕生最得意杰作。后来师父告诉他，那是无锡惠泉山下杨家燋泥，所以捏出来的燋泥人儿左宜右有，非常称心如意。从此他一直记住，惠泉山下的燋泥，是捏泥人儿最珍贵的原材料。有人知道他把惠泉山的燋泥视同宝贝，凡是有无锡泥娃娃的泥胎碎片，都给他收藏，经他加水捣烂，又是上等泥了。

　　根据古籍上记载，北宋时期，在开封铁塔附近有一座废窑，泥工取土，发现窑土都是炼过的燋泥，拿来捏泥土玩偶用具，柔细流光。宋徽宗又是一位百艺皆精的皇帝，于是北宋手艺人捏的泥孩儿以及文房用具流传下来，成为文玩珍品，差堪媲美宋瓷。宋室南迁，这种手工技艺也随之而南，在长江流域发扬光大起来。

无锡惠山的泥娃娃（俗称"大阿福"）不但驰名大江南北，自从参加南洋劝业博览会之后，更是颇受欧美艺术家的垂青。后来无锡泥玩偶，行销远及欧美各国，现在法国、意大利有几家博物馆，还有各式无锡泥娃娃陈列着呢！惠山燋泥中以杨家一块嶰谷的泥最为细韧。杨府跟舍间是世交，少主杨赞韶，跟笔者又是诗友，而且沾点姻亲。因为泥偶同好，无锡一地捏泥人儿的有三十多家，这些手艺人都要到杨家嶰谷的畦塍上取土。大家都晓得杨赞韶是位泥人儿特别爱好者，所以有了创新得意杰作，都要选一份送给他鉴赏品评指点；因为经年累月到杨家山沟里取土，人家从不索酬，其中也含有谢意。杨赞韶在他书房对面辟了雅舍三间，并请大词人朱古微替他题名"古香斋"。敞厅里沿着墙壁都打成大小不同多宝格，装上玻璃推门，把他视为精品的大小泥娃娃，分门别类地陈列起来，随时拿出来赏玩。每年花朝，还要邀请亲友同好，到家里来评鉴一番，说是给捏泥人儿的鼻祖"百本张"做冥寿。

杨赞韶说，惠山泥人儿，在明武宗时代，就成了当地的贡品。徐珂《清稗类钞》，把百本张奉为捏泥人儿的鼻祖。其实远在百本张若干年以前，就有人从事这行手艺了，不过一开始是用面粉揉和来捏，但是面粉捏的人物搁久了会干裂皱缩，而且发霉，无法久藏，于是心灵手巧的工人，研究出用燋泥来捏。最初惠山乡民在农闲时候，掏取稻田里的泥土来捏，由于泥质细腻，沙性小黏度高，你捏的胖娃娃大阿福憨态可爱，我捏的比你捏的更精彩逗人，彼此争强斗胜。后来出了不少身怀绝技的专家，如"泥人张""泥人王"，专捏婴孩、绰号"大肚子"的袁遇昌更是技巧横出，蔚为无锡最出色的手工艺。他们的制品，各有暗记，同行一看便知，袁遇昌更发现杨家燋土比别处的更为得心应手，渲染随心，所以杨家燋泥，成了捏泥娃娃的瑰宝。

逊清皇帝溥仪，在大婚之前，也有收集泥制玩偶嗜好。侍臣陈曾寿得到一只瓜瓞绵绵百子西瓜，婴戏杂陈，千姿百态，个个曼容皓齿，形婷骨佳，据说就是出自袁大肚子之手，特地进呈御览，一直陈列在养心殿紫檀棐架上。婉容封后进宫时，听说皇帝喜欢泥玩偶，她陪嫁的妆奁里，也有一套榴开百子玩偶，虽然俪白妃青，藻绘多姿，可是神情仪态比起清宫原有那只瓜瓞绵绵，就俨然有俗雅之分，没法相比了。

有一年我到无锡访友，赶上农历九月十九观音大士成道佛辰，惠泉山下紫竹禅林正举行护国佑民息灾法会，庙会上并有手工艺品展览大会。当地廛市中，旧藏新制各式泥娃娃精巧尽出，除了传统的大阿福、寿星公、关圣帝君、八仙庆寿、麻姑献瑞……品式花样越来越新颖出奇。一般年轻后起之秀，更是争奇斗胜，力求创新。虽然没有早年艺人捏人像惟妙惟肖的手艺，可是所捏的戏剧人物，别创一格，身段边式，神情潇洒，衣纹飘举，色彩古艳，可以说已具有民间艺术高深造诣，摆脱匠气，意境夐绝了。

当时我在会场浏览良久，最后选了四匣京剧泥人儿：一、《蜈蚣岭》行者武松打蓬头，穿戒衣，执云拂，从脸庞眼神来看，一望而知捏的是江南短打武生泰斗盖叫天；二、《吴汉杀妻》"斩经堂"一场，能把悲深、别鹄、沉痛、为难神情曲曲传出，若说是麒老牌（周信芳）的造像也不为过；三、《青石山》关平骓骦金甲，凝眸挺刀的架子，把个杨小楼刻画如生，令人叹为观止；四、《四郎探母》捏的是梅兰芳、马连良，梅、马在无锡唱过多次"探母"，一个高髻宫装、玉颜花媚，一个雉尾玄冠、锦衣宝带，更是粲丽传真。我选这四出戏的时候，看得眼花缭乱，几乎费半日时间才算选定。带回上海之后，偏偏被上海有名的小抖乱叶仲芳看见，不容分说，拿了就走，彼此两代交谊，也莫奈他何。

第二年再到无锡赶庙会，虽然到处留意，也没发现上年所买那样的精品了。后来听人说惠泉山有一个专捏京剧戏出的叫杨小舫，他父亲是跑水陆班子的管事，他从小耳濡目染，又在戏班里充过武行下手，捏出来的京剧泥人儿自然特别传神入戏。我上次所买的四出京剧泥人儿，就可能出自杨小舫之手。传说他的制品，在底座上都有葫芦形杨三戳记，可惜叶仲芳拿去看腻了之后，也不知道他掷到什么地方去啦！

今年春季，历史博物馆曾经展览过一次泥娃娃，说是日军侵华攫走，后来又归还我国的。日本有很多艺术界人士专门研究泥玩偶，他们捏的布袋和尚就憨笑多姿，差堪跟我们的大阿福媲美。史博馆展出的泥娃娃，虽然其中有若干无锡制造，但均非精品。当年日本侵华掳去的金玉珍帛，虽经交涉归还，又有几样是金瓯无缺、完璧奉赵的呢？

最近纯木雕艺术家朱铭，把他的兴趣又放在捏泥巴的陶艺上，并举行陶塑展，灌输艺术圈一些新物事、新观念。我想放在墙角没人理睬的大阿福，又要走几天好运了。

风筝谈往

　　台湾有一句俗话："九月九，风筝满天啸。"重阳节除了敬老登高、赏菊，就是放风筝了。大陆元宵过后清明之前，风和日丽柳色青青，且风向稳定，就该到郊外放风筝，把一冬郁闷在心里的霉气尽情吐出，自然身心俱畅，百病消除。跳绳、踢毽子、放风筝，都属于户外健康娱乐，大人们是不会加以禁止的。清明一过，季节风来临，风起西北，黄沙蔽天，想放风筝，要等来年啦！初来台湾看见重九节有人在淡水河放风筝，觉得很奇怪，怎么春天的玩意儿，拿到秋天来玩呢！后来才想到完全是季节风的关系。台湾到了秋天，景物柔美，凉飙初拂，正是放风筝的好时光。大陆宜春，台湾宜秋，完全是风向不同而有所差异的。

中国什么时候有风筝，最古老传说，是汉高祖与西楚霸王项羽战于垓下，两军相持不下，汉军由张良设计，韩信督工，糊了千百只大风筝，趁着黑夜风高，一齐放进楚营上空。箫管羌笛尽奏楚歌，楚军以为汉军已得楚地，军心涣散，兵无斗志，楚军大败，项羽自刎乌江，并且有人传说那批风筝载有甲勇士，那是稗官野史之言，不足深信。此后五代的李邺，是位贪享欢乐的风流天子，他在宫中闲得无聊，让妃嫔侍女们各出心裁，用竹纸做材料，糊制各式各样的鸾凤鸢雁，引线乘风，以为笑乐，并且在鸟背绑上竹笛，迎风有声，所以叫作"风筝"。在此之前，原本设于殿阁檐棱之间的铁马当风作响，敲金戛石叫"风筝"，后来反而变成纸鸢的专门名词了。此外见诸史籍的，还有南北朝梁武帝萧衍在台城被围，曾放风筝请求救援，根据史册记载，最保守的估计，早在一千五六百年之前，中国人就发明放风筝了。

清宫每年河初解冻，新柳吐绿，阿哥格格们就开始放风筝了，地点于宫里长巷，视野广阔，附近无树木阻挡，地又平坦。风筝是由内务府造办处雇有专门工人扎制承应，最好放的有黑锅底、沙雁、瘦腿，这种风筝一抖就起，虽然式样古老，可是阿哥们不用假手别人，就可放起。至于福寿、双喜、七星、八卦、朱砂判、老寿星、八仙人一类人形立体大型排子，必须用竹竿子先抖后放，而且不能用小线，改用老弦，要等宫监们放起来，够上罡风，在高空稳住，才能交给阿哥们扯绳放线呢！皇城附近，住着一些游手好闲的轻佻少年，一看见内廷风筝翱翔九霄，立刻邀集身强力壮叫"挖子手"的人，用蘸上玻璃沙的老弦，拴在棱角锋利的钢镖上，在筒子河（紫禁城外有一条护城河，北平人叫它筒子河）附近，看准目标，把镖子一掷，搭上风筝三裹两扯，就把风筝扯过来了。这种抢夺方法，在帝制时代，岂非大逆不道吗？因为宫里习俗，放过的风筝，就要放掉，说是风筝不过年，可以散灾免病，否则在禁城附近，如此嚣张不法，还能不被管地面儿的北衙门拘捕打板子吗？

宫廷结扎的风筝不但精致典丽，就是放风筝用的老弦也是特制品，挖子手镖下来，自己不玩，卖给有钱的公子哥儿们，真能卖好价钱呢！北平糊风筝的好手，都在琉璃厂、地安门、宣武门、平则门等处，有的是业余，有的是职业性质。个中高手叫"风筝瑞子"，他的风筝摊儿设在锦什坊街口，他们有句行话是："糊一年，卖一春。"风筝瑞子一年有九个月从事制造，并设计新花样风筝、制造线车子、弓弦锣鼓架子，总是供不应求。当年留法历史学家谢幼民，在巴黎看见法国的风筝大赛，见猎心喜，打算请瑞子去巴黎参加比赛。瑞子因为年老体弱，颇惮远游，第二年把得意门生丁四巴（住宣武门外牛街）介绍前去。丁四巴在巴黎赛会糊了一只大蜻蜓，翅能扇，尾能摆，眼珠子能翻，背上七弦弓，放到天空，蜻蜓临风奋翅展翼，固然栩栩如生，风筛笛浪，更是玉箔叮当，琼音瑶奏，把参加比赛的士女看得目瞪口呆，无不叹为观止。据丁四巴回国描述当时出赛情形，他说：巴黎风筝比赛，大概报名有四十多个国家，临时知难而退的，几近一半，结果参加决赛的，只有二十一国。他到了法国之后，发现巴黎近郊有一种鹿葱草，坚韧光滑，极富弹性，比一般竹皮藤实做的风筝骨架都要扎实。于是他扎了一只四尺的灯笼排子，夹层里点上九支蜡烛，放上高空，尤其夜晚星联珠聚、霞光流碧，迷离耀眼。评审结果，我们中国拔得头筹，印度鸳鸯戏水夺得亚军。智利的云龙顾尾本来可列第三，因是龙形未能得奖。原来国际赛会跟中国习俗一样，风筝避免扎成龙形，中国说糊龙形风筝，容易招致火灾，西洋说会发生超级地震，总之飞龙在天，都认为是最易招致不祥的。

自从那次国际风筝比赛中国得过冠军后，继之"七七"抗战，兵连祸结，所有国际性的风筝比赛，中国就一直没有参加了。

台湾近些年来，对于有益身心的户外活动无不尽量提倡。一九八〇年十月七日在台北市福和桥下举行了一次"尊亲杯"风筝邀请赛，有台、韩、新、日四地共二百六七十名高手参加。参赛风筝中有一只嘹唳飞空的老鹰，被新加坡航空公司班机的一位驾驶员发现，先还以为真是一只游鹰，恐怕相撞，急忙升高，才察觉是头纸鸢，可见糊工手艺是如何逼真了。比赛规定以动物造型为主，记得五色焕烂的凤凰、披锦捻金的蝴蝶、神姿矍踞的猛虎、顾尾蛇进的蜈蚣、游骞翔鹤的飞机都得了特奖，又提高了大家扎风筝的兴趣。

今年台湾省、台北市两个风筝协会同时选定十月十八日在福和桥台大运动场分别举行，听说今年特别注意创造表现，有飞弹打飞机，跳出降落伞，三十六鸳鸯等新奇风筝表演，可惜笔者错过一饱眼福机会，同时各报也没有刊载是项消息，我想既有风筝协会组织，比赛会年年举行的，今年看不成，容待明年双九，再一饱眼福吧！

有趣的横批

　　笔者年轻的时候，每逢农历春节，约几位朋友一块出行，一面兜喜神方，一面默记人家门上贴的别致春联，回来各自写下来，记得多者为胜，记得最少者罚请春酒，已列成语春联不录。学友徐德尼新婚燕尔，租住人家一个幽静跨院，他攻宋词，集宋词写了一副春联，非常得意，上联是"绿鬓新裁，雄姿英发"。下联是"黛眉巧画，软语商量"。横批是"琴瑟静好"。我们曾经把它列为那年春联首选。第二年春节，少不得仍然要到他家，看看有什么杰作，谁知一进跨院，只见屋门虚掩，横批门联都已换新，先看横批，换了"五世其昌"，他夫人已有身孕，贴上一张五世其昌横批，也是理所当然，不过仔细端详，今年横批短了半寸，上年琴瑟静好，只把"好"字盖了半边，横批变成五世其"娟"了。① 大家一看笑得直不起腰来，既不便打扰他们贤伉俪，更顾不得看他家今年的春联，从此成了同学们开玩笑的话柄了。

---

① 传统对联横批的书写方式都是从右往左。

闲话升官图

　　每逢农历新年，阖家老少吃过团圆饭，大家围聚在一起，总要掷几把骰子、顶牛、打天九，或是斗斗纸牌，我就想起当年在大陆掷文状元筹、武状元筹，用骰子掷升官图的情景了。

　　在台湾跟人一谈到升官图，知道用"捻捻转儿"捻出德、才、功、赃而定升黜的，已经是很不错的了，至于用骰子掷出德、才、功、柔、良、赃玩法的，除了高阳先生他们几位杂学丰富、研究历史的朋友外，甭说看过玩过，就是听人说过这种升官图的人，恐怕也寥寥无几了。

自从高阳兄在《联合报》副刊写过一篇谈升官图的鸿文之后，文内曾提及笔者虽非官迷，但与他同好，对掷升官图都颇有兴趣。他轻描浅写的一句话不要紧，而我则灾情惨重了，不但整天电话不停，甚至有几位读者，认为我存有此图，希望我大量影印以便价购。更有两位同好，希望在我们玩的时候愿意让他们前来参加，大家同乐。想不到这种老掉了牙的玩意儿，居然还有偌许人对它有兴趣，而且是男女老少皆有，真是吾道不孤，出人意料。

记得笔者第一次玩掷骰子的升官图，是民国十三年甲子春节，笔者随侍先慈赴沪，住在李经羲（仲轩）太姻伯府上，仲帅次公子斐君父子先后被嵊县匪徒绑架勒赎，李府严墙三仞，戒备森严，简直变成镇日足不出户。长日无聊，于是六七位年纪仿佛的亲友凑在一起，以掷升官图来消磨岁月。恰好赶上李府续修李氏宗谱，谱局子里有不少饱学之士，担任编纂校对工作，薪高事闲，倒都怡然自得。其中有位朱瑞九是仲帅出任云贵总督时期的总文案，担任总校，事最清闲。我们玩升官图，特地请他执掌名牌运转。一位周涤垠兄是斐君姻丈出任省长时期的机要秘书，在谱局中只是挂名而已，他头脑非常精细，就由他给我们管理公注收支。他们二位对于掷出什么花色，如何跃升转调，奖罚收支，全都了然于胸，而且一索即得，不劳我们循图摸索浪费时间，得以放心去玩，更增加了不少情趣。

这种升官图，凡是参加入局，首出公注若干，每人先要拿出两个代表自己的标志，最好是一方名章、一枚闲章以资识别。玩上一局，从掷出身到大贺，最快一小时半，慢则两小时甚至到两小时半。玩过两次之后，不但对于有清一代官阶黜陟升迁，可以洞悉始末，对于何者是官职，何者是差事，自然而然有了明确分野。譬如说，总督一职，渊博如南皮张之洞（香涛），最初他总以为巡抚是总督部属，有时意见相左，语气词色难免有欠谦和，他也漫不经心，等他交卸湖广总督，巡抚前来"护院"，他这才知道巡抚是当地首席亲民之官，并非总督的部属。因为钦命出任某某地方总督全衔都是太子太保某部尚书再加上总督衔，没有光头总督的。而且总督行文是用关防，而非大印，所以早年官场有句俗语，是"文官要长"，指的是总督关防，"武官要方"，是指的驻防将军的大印。如果不玩升官图，我们也弄不清楚的。

我们在上海玩升官图时期，因为镇日闭关，所以一个正月，每天晚饭后总要玩上一两局以消磨时间，对于清代官制固然了解了很多，更化解了若干说不出的疑问，并且因此有人着迷，有人上瘾。舍亲李榴孙有一天忽发雅兴，写了一篇骈四俪六的小品文，一方面请周瘦鹃、范烟桥、冯叔鸾、钱芥尘几位报人在上海各大小报为文吹嘘，并在新、申两报刊登广告，征求历代升官图，想不到一个期间，居然搜集到汉、唐、宋、元、明、清各种升官图，共有十七张，其中南北宋竟然有五张之多，明代的有三张，其中一张叫"忠佞升官图"，大概就是高阳兄所说那张啦。

历代各种各样的升官图，虽然繁简各异，玩法也不相同，唯一相同之点，是一律用骰子来掷，至于后来的升官图，取消良、柔两项，又改用"捻捻转儿"来捻，就查不出来龙去脉了。

我们搜集历代的升官图，到手之后，趁新鲜都要玩上一两次。就官制官阶来讲，以唐代节度使的权限最为广泛，南宋北宋官阶虽大致相同，但是南宋官阶紊乱，起伏甚大，不合情理之处极多。明清两图，由于清沿明制，官阶小异大同，明代早期升官图，黜陟升调大致也都中规中矩。到了明代后期升官图，添上东厂、西厂、锦衣卫，太监可以监军，官阶升降弄得毫无章法，一塌糊涂。从升官图上可以看出，明代宦官权势已到了无法无天的地步，我想那张图的制图人必定是明末清初的人物，把宦官深恶痛绝到极点，用升官图发泄一肚子苦水的。

大家玩过历代升官图之后，一致认为清代升官图制作得最为严谨合理，与实际很少有相悖之处，所以以后的春节，仍是主张玩清代升官图的居多。不过玩了几次历朝的升官图，对于历朝的官制官阶，大都有个了解，后来读史就方便多啦！

前两年《汉声》杂志出版的童玩专辑，底页有半幅升官图，我在"工专"举办的童玩展览会中，曾向吴美云女士说明此图极为难得，如在手边，请捡寄新印后奉还，一直未获嗣音。后来跟高阳兄谈起，他也藏有此图，现在会同苏同炳兄研订校正，把不合实际情形的地方，一律加以改正，使其臻于至善尽美，再行新印出来。等高阳那幅藏图修

改大功告成，凡我同好，自当奉邀同作掷图
之游的。

香水琐闻

笔者虽然爱红无癖，可对于香水，自幼就有偏嗜。

当民国八九年，上海家家正在大吃蚕豆的时候，忽然法租界、公共租界的清道夫，为了工资问题，在英法租界联合罢工。于是街头巷尾到处堆满蚕豆外壳，三天一过，豆荚腐烂，发出一种极难闻的恶臭。我当时不但不敢上街，就是坐在家里，一阵阵臭味袭来，也是恶心欲呕，影响食欲。幸亏当时上海著名西医臧伯庸送了我一瓶防疫香水，擦在耳颈之间，臭味固然闻不出来，同时这种香气历久弥香，能维持三四小时之久。从此我对香水就发生了高度的好感了。

中国古代是没有香水的，贵族妇女衫裳衾褥，都是采撷芬芳药料，用宫熏手炉熏香辟秽。这个熏香方法历史悠久，见诸古籍的有"汉雍仲子进南海香物供内廷之需，拜涪阳尉，时谓之香尉"，足证衣袂熏香汉已有之。至于搜集花叶果实树皮，或用蒸馏，或用浸渍溶于酒精的香水，那都是原产泰西，渐渐输入中土的。

香水是什么时候传入中国的呢？有人说是元代，有人说是明代，因为年深日久，已不可考。只知清代同治吴嘉善汇刻的"白芙蓉丛书"里有段记载，说到香水香精是欧西制产，是元世祖进军罗马带回的战利品，有数十种之多，其中高级品馥郁袭人，能够弥旬不歇。分储琅玕雕丽、珌佩明珰的玻璃樽缶，颁赏宠幸后宫妃嫔佳丽。流风所及，贵族豪门先知道使用，久而久之，一般民间妇女也渐渐有人擦香水抹香精了。

香水是怎样制成的？整天擦香水的名媛闺秀，虽然知道制造香水手续特别繁复，价格异常高昂，可是十之八九，并不知道制造过程的精细繁剧到什么程度。耗用鲜花香草数量之多，到原料以吨计，成品论磅装的程度。

舍亲范冰澄先生，当年在同文馆俄文组毕业，又到帝俄时代的乌克兰帝国大学研究外交，同一宿舍里的一位学友，是白俄的贵族，虽然研读化工，却专攻香水制造，准备毕业之后，专管宫廷香水配制，也就等于明司香尉。不过在帝俄这种职位是世袭的。范与此君气味相投，耳濡目染，自然对于香水制造也无形中知道了若干高度技巧，同时对于香水气味的辨别，更养成了深邃的修养。

据范公说："在莫斯科王公伊凡三世宣布自钦察汗国独立，自称俄罗斯王朝，以迄罗曼夫王朝，历代俄皇都是嗜香有癖的。法兰西是以制造妇女使用香水驰名全球的，而俄罗斯出品多半是供绅士们使用居多。在一般社会里，还不知道俄国香水胜过法国，可是，在国际高等社交场合里，大家都知道俄制男用香水是稀世之珍呢。

"最初制造香水所用基本原料，离不开各种芳冽香花精液的，俄国虽然横跨欧亚两洲，可是境内大部分地区属于寒带，虽然有几种奇花异卉是寒带特产，可是一般作为辅佐填充的芳香花液产量有限，所以俄国香水虽然芳蕤馥郁胜过巴黎所产，但因为产量稀少，反而其名不彰了。"

据说俄皇彼得大帝是最喜欢使用香水的一位皇帝，仅仅用于擦抹胡子的御用香水，就有二三十种之多。其中有一种叫"多丽佳"的胡子香水，是俄皇最宝贝、最名贵的高级香水，一磅成品不折不扣要用一吨香花才能做成，酷寒地带这种名贵的花朵，都是在温室里培植的，虽然这种花朵比热带所产香浓味永，可是油质又比热带反而少了许多。请想这种香水耗料太多，产品又少，价值还能不贵吗？因为这种香水得来不易，怕它自然挥发，所以盛香水的瓶樽，不但是精工镂雕镌出各种角度棱角花纹，避免阳光直射，并且在外面还要加装一种寒带榉木。榉木纹理细密，木质坚实，可防走气。

头一批多丽佳制成，一吨鲜花仅得香水一磅多一点点，除了整磅庋藏内府留为自用外，只有当时两位佞臣各蒙颁赐一盎司而已，这种恩宠，满朝贵族公卿，无不认为荣逾九衮，欣羡不已。后来范老担任恰克图（外蒙古跟西伯利亚接壤，开放最早的中俄通商埠）总领事，当时帝俄的香水或明或暗走私外销，都以此为集散地。范公任满回平，行囊所贮全是些光霞炫目，玻璃焕彩，光怪陆离，玉匣金縢，香水的颜色更是绛雪晶霜，明净莹澈。其中有一小瓶大仅盈握，紫箔重封，冷香未吐，据说就是所谓俄帝御用胡子香水多丽佳。可惜金泥银线火漆固封，只能看见浅碧流光，可望而不可闻，究竟香味如何迷人，令人无法悬揣。范老把这小瓶香水视同古董，安置在多宝阁里观赏，不懂香水的人，有谁知是具有历史性帝俄时代的胡子香水呢？

清代金石名家端陶斋的令侄陶略侯，跟笔者是莫逆之交，而且沾点姻亲。他对于酿造洋酒兴趣极浓，于是进入法国里昂大学专攻酿造。去了两年又迷上制造香水，乃转到法国的农学院主修酒类酿造，副科选修制造香水。后来学成回国，他总认为自己在酿造学方面的成就，反而不及副科研究得精深透彻，可惜当时国内只有一家广东人开的广生行，还是以制造双妹嗱花露水为主，不肯大量投资延聘高级制造香水技术人员深入研究发展，只不过出产些生发水而已。

陶君既然英雄无用武之地，只好东走烟台，到中国唯一制造洋酒的张裕酿造公司，制造白葡萄大宛香去了。可是他始终念念不忘制造香水，可惜国内的资本家，对于制造香水，了无兴趣。所以他每年回到北平度假，总要到舍下盘桓几天，一边小酌，一边谈天，聊来聊去，总不免又聊到香水上面了，所以又从陶君嘴里增加了不少使用香水的常识。

谈到俄国香水，陶君也认为帝俄时期宫廷中特制几种香水，确实比法国产品高雅清逸的。法国有些香水专家，始终研究不出是什么原液配制而成的，尤其男用香水种类之繁夥，香味清馨脱俗，更非法国产品所能望其项背。不过法国有些高级女用香水，芬芳沤郁，香气秘醇，变化迷离，又非俄国产品所能企及的了。这些专家品评，都是外界所不容易听到的。

他说制造香水用的鲜花不外是水仙、茉莉、珠兰、玫瑰、紫罗兰、郁金香等，可是制造香水的专家们，不但各人有秘而不传的配方，而且各有不为人知独特的花草香液加入调配。如果第一个香水牌子能叫响，那就一生享用不尽了。所以专家们在化验室配制香精的试瓶用过后，一定要用酒精把试瓶冲洗干净，才肯离开化验室，就是怕人把他的秘方偷去。

法国有一位叫荷比甘的技师，他的香水就叫荷比甘，后来他除了香水，其他产品如头水、肥皂、面霜、头蜡一律都叫荷比甘，此公就因荷比甘香水而起家。虽然此老去世多年，可是他的香水和化妆品，仍然在众香国里一枝挺秀，屹立不衰。据说制造荷比甘香水过程，并不过分复杂困难，只是有几种特殊香液，是他们家族的秘密，加上永远货真价实，做出来的香味依旧，所以到现在仍然是世界上最畅销的香水之一。

早年中国妇女喜欢把香水洒在衣襟领袖，或者是丝巾罗帕上，其实香水是应当直接喷洒在身体上的。因为人体不分冬夏，都自然而然蕴存一种体热，香水借助体热的影响，挥发出来，才能馥郁袭人，中人欲醉。同时因为名媛淑女，体香各异，适于甲者未必合于乙，乙用某种香水很能发挥香水魅力，可是换来给甲用，会大异其趣，不但别人闻起来没有柔和感觉，就是自己也能觉得出没有缥缈清新的意味。

譬如说，俄国的紫罗兰香水，法国的白美人香水（原料白栀子花），都是属于香远益清的一类，在中国销路很广。可是这两种香水在俄国、法国，都不十分畅销。西洋妇女大都属于健美壮硕类型，自然汗液比较多，要用浓烈馥郁、能透肌表的香水，才能发挥妙用。中国闺秀体态多半娇茞玲珑，要用飘逸婉约、若即若离淡淡的柔香，才能显出彼美人兮的风韵。

至于肤色的黑白深浅，对于选用香水就更有莫大的差别。当年有位印度酋长富而多金，他的新婚夫人出身印度贵族，皮肤属棕褐色，他为了博取夫人欢心，特地到巴黎的一家著名香水制造厂，指名要用纯"香水花"的香水订制十磅。当时正是放暑假，陶在这家香水厂化验室担任分析工作，让他大开眼界，看见所谓中俄边境出产的极品香水花。这种花有红紫白三色，花朵大如芍药，重瓣多蕊，花形很像蔷薇，花萼、花梗都有浓厚香味，制出来的香水呈深褐色，沾上一滴，芳蕤馥郁能够余香袅袅，弥旬不歇。这十磅香水据说是一磅子母绿宝石换来的。据陶所知，这可能是全世界最名贵的香水了。

陶又告诉我，法国贵族命妇化妆台经常排列着若干种香水轮流使用，不像咱们中国人弄几瓶不开封的香水，摆在镜台上当装饰品陈列起来，舍不得使用。其实原油花液跟化学原料制造的香水，不管瓶子多厚、封得多严，香味都会慢慢消失的，至于说化学香水不走气，那也不过是散失得慢而已，其实香气仍然由淡而失的。有香水不用，不但可惜，简直是浪费金钱。

人家化妆台摆满各式各样香水，外行人认为是故意摆阔，其实真正懂得香水的人，知道四季气温寒燠各异，所用香水也应当照气候而配合，春冬宜浓，夏秋宜淡。再讲究点的人，早晚要有区别，小酌大宴也有差异，清晨所用香水越淡越好，尤其职业妇女，更应注意，以免令人生出遐想。有人说晚宴舞会穿晚礼服的时候，可以使用稍浓的香水，那也是错误的。穿着礼服应当是柔香清雅，过分浓郁，就有失华贵雍容啦。

陶略侯对于制造香水固然深得三昧，哪知道他使用香水的常识也丰富渊博，真是与君一席话，胜读十年书。可惜七七抗战军兴，彼此天各一方，虽然时殷怀想，可是聆教无从了。

民国十六年北伐成功，那时笔者寄居上海，舍亲合肥李瑞九驰马纵犬，击射弄渔，在当时也算上海花花公子之一，他在十里洋场是以玩香水大大有名的。他的夫人是盛宫保家小姐，据说他当初追求盛小姐的时候，是一天一瓶名贵香水，送到静安寺路盛公馆，然后兑进牛奶给盛小姐沐浴润肤，才获得芳心而缔结良缘的。

当时关务署署长是张福运，瑞九跟他是郎舅之亲。关务署长恳托总税务司，凡是进口商进口香水，请随时通知一声，以便价购。李瑞九有了这条终南捷径，又舍得大把花钱，所以凡是从江海关进口各种香水，他是网罗靡遗，珍奇毕备。

他们贤伉俪都是嗜熏有癖的，婚后在所住孟德兰路公馆，辟有三大间陈列室，金铺瓮牖，碧箔槛窗，绨绵耀彩的各国香水差不多搜集了三千种。碰到上海有名的前清遗少刘公鲁，又是好事之徒，给这座楼题名"锁香阁"，特地请吉安缶老吴昌硕写了三个小篆，缶老并跋了一小段说晚年给人写匾额多写石鼓，可是"锁香阁"三个字假借无从，只好写了三个小篆等语。《晶报》主编张丹斧并且把它制版刊登《晶报》三日刊上，真是浑朴苍劲，骎骎入古，的是吴缶老得意之笔。

瑞九自夸举凡世界各国香水，他已搜罗殆尽，如果有人拿出香水，是他珍藏中所没有的，他就能从此不玩香水矣。

江小鹣、李金发都是留法前辈，所以认识留法学友众多。某年有一位江西熊公读自法回国，带了一瓶香水，式样奇古，据说是法兰西王路易十三时的产品。江、李跟瑞九素有交往，就把这瓶香水拿到瑞九家请他鉴赏，谁知瑞九遍对庋藏，竟然没有这样香水，以为江、李故意寻他开心的，于是气愤交加之下，把橱里名贵香水，从楼上往街心去摔，幸亏江、李左拉右劝，才算停手，可是已报销了好几瓶了。一时余香袅袅，满巷皆香。报人唐大郎曾有《香街行纪盛》，可惜事隔多年，一句也不记得了。

一九四八年，全国工程师学会在台北召开。表弟王汉曾是化学工程师，参加大会后笔者陪他环岛观光旅游。当时樟脑局在十二万坪，有一座芳香油场占地十多公顷，遍种各色奇葩异卉，都是提炼香粉的原料。彼时场内还留置几部提炼橘子精、香蕉油的简单设备和蒸馏器，他认为这些都是大陆所没有的财富，他准备回到上海提出一份详细计划，希望能予以支持展拓。初步以集中炼制香茅油为主体，进而制造各种香液原油，首先使省内化妆品、糖果类、卷烟等香料不必全部仰赖舶来，进而可以出口外销。可惜只写来一份节略，详细计划还没来得及提出。现在偶然想起这件事，心里还有点莫名怅惘可惜呢！

从金警星引起的回忆

十一月二十二日《联合报》登了一则新闻，是台北县新店警察分局碧潭派出所有位王姓警员，制服上佩挂的警星特别耀眼，敢情他是标了两万块钱一个会，除了正当用途外，把剩余会款，打了两枚金质警星佩挂起来，既可防盗又可储蓄。从这一则新闻，笔者想起第一次当公务员的一桩丑事。

民国十二三年北洋政府时期，我在学校尚未卒业，暑假期间找出先伯祖文贞公所绘《西北舆地志》，研究新疆库鲁克山跟天山南北湖泊山脉分布情形。忽然太年伯李木斋（盛铎）来到舍下，他跟先伯祖文贞公庚辰科会试同年，看我研究舆地之学，他非常高兴，愣拉我去看他的学生、经界局局长谢筱石先生，让我到局里历练历练，同时局里疆界舆图跟帝俄有极为详细分疆划土的记载。经界局是个冷衙门，上下班又不签到，我有空就到局里资料室看书绘图，对于了解边疆强邻接壤情形，倒也增益不少。局里发给我一枚徽章，色有七种，大概有不少人戴过，上面烧蓝褪色，线条模糊，旧得难看。我本来就不爱挂徽章，这枚徽章便被藏在皮夹里面，只有到局里图书资料室借书，才拿出来给管理人员看看。

有一天我随侍先慈到前门外廊房头条宝恒祥珠宝店镶手饰。掌柜的朱堃平素最喜欢跟我聊天，聊来聊去就聊到上衙门挂不挂徽章的问题上了。他说："余叔岩在'总统府'总务处郭宝昌处长那里办事，有一年公府传差，在中南海怀仁堂唱堂会戏，所有前后台安排布置，自然就落在叔岩身上了。他也是向不挂徽章的，在总务处进出，从来没人拦过，可是怀仁堂门岗卫兵不认识他，双方发生冲突，气得他几天没上衙门，这场大堂会戏，几乎要回戏。幸亏督察处的雷震春把卫兵熊了一顿，对余叔岩安抚了一番，才把事情给圆过去。"

我说："我在经界局有份差事，可是徽章太难看了，所以也不愿挂。"

朱掌柜说："您拿出来我瞧瞧，可以给您见见新呀！"我给他一看，珐琅底跟钢线都快磨平啦，修是没法再修。

他说："干脆我照原样给您打一个银质烧蓝的，保漂亮。"我当时未加思索，就让他订打一枚。等做好一看真是文采柔丽，霞光夺目，比起一等大绶嘉禾章还显得莹琇昺发。因为太耀眼了，我也不敢悬挂，于是请教先师阎荫桐夫子。老师跟我说："徽章等于授给你的名器，岂能任便仿造求新，赶快把它销毁了。"

因为新制品烧得实在精细可爱，不忍毁弃，于是收藏起来，直到北伐告成，我到财政部供职，才把它拿出来，当钥匙链的坠子用。最近看王警员佩挂金质警星，跟我昔年私制银徽章如出一辙。回想少年荒唐行径，不禁哑然。

话说当年谈照相

　　小时候一开始玩的照相机是长方形鹰眼镜箱的，只要是阳光普照，景物在反光镜范围之内，不用测距对光，就可以照出清晰的图像来。大学毕业那年，学校要半身照片贴毕业证书，同学会印纪念册也要照片，并且不要自己掏一分钱，只要到东安市场德昌照相馆写上班级姓名，照完之后，德昌照相馆会替我们送到学校去分别付印，就这样简单。结果毕业纪念册上，还是有若干同学的照片从阙。在谢师宴上，校长幽了大家一默，说有人迷信照一次相，神魂受一次伤，同学爱惜生命，所以大家都怕照相。虽然说的是句笑谈，愣是有人不愿照相，其故安在，至今我也没有猜透。

没过几年，我买了一只三点六镜头，装张头软片[1]，也可以用玻璃底片的新式照相机，而且配有自动快门三角架子，目测缩放光圈，映像调整焦距，晒出来的照片，比鹰眼镜箱所拍的照片要高明多了。

上海两江女子篮球队第一次到北京比赛篮球，第一场球是在梅竹胡同青年会外场跟师大女篮比赛。北京风气比较保守，固然北方打篮球是冬季运动，任何一支女子篮球队的制服都是长运动裤，而两江女子篮球队，经过跑篮热身运动后，上场球员一律除去长裤，露出所着大红短运动裤，这种大胆的暴露，在北京人眼里算是破天荒第一次。那时我正担任《丁丁画报》外勤记者，赶巧我又带着摄影机，报社主编马一民临时抓差，一

---

① 软片，即胶片。

定要我暂充一次摄影记者。我对照相本是初学乍练，人家球队摆好姿势，当时北京几位摄影名记者张之达、谭同生、萨空了、宗维赓他们电光闪闪，喀嚓喀嚓照个不停，而我手忙脚乱，人家照完，我的光还未曾对好，于是招来看球的观众一阵鄙笑。幸亏两江领队席均，特地变化队形让我拍了几张特别清晰的照片，后来《上海新闻报》《申报》跟《时事新报》都采用了我的照片，把萨空了气得直吹胡子瞪眼。学友黄中孚把我的底片拿去复印了好几打，送给两江每一位队员。他跟席均因为这一段交往，特别投缘，由爱侣进而缔结良缘，成为球坛佳话。我这笨手笨脚的临时摄影记者，想不到还做了一次月下老人呢！我这只张头软片照相机，虽然要从后面对光，在江浙两省所到之处，可照了不少优美的人物风景。

后来随侍先母归宁海陵外家，当地民情朴厚温良，风景野逸倩艳，别有雅趣，带去的底片，没有几天，全部照完。当地虽然有两家照相馆，但是不代客冲洗底片，尽管胜景多方，只有对景兴叹。有一天经过一家药房，发现货架子上居然有十几盒柯达软片，药房里的人也不了解是什么用途，每盒索价一元二角，比上海二元四角便宜一半，于是悉数买了回来，大照特照一番。后来回到上海，在虹口六三花园水池边拍照，等洗出之后，池中倒影里有两位高髻木屐、绮袖丹裳的佳丽，经黑白摄影学会几位看过，也说不出所以然来，大家疑为鬼影，可又拿不出相当佐证，我对摄影的热气也因此渐渐冷了下来，那只镜箱也就退藏于密了。

过不多久上海新新公司新张开幕，我跟汪煦昌兄在照相部参观（汪留学巴黎，专攻摄影，回国在愚园路成立神州影片公司拍摄电影），发现有带一套二镜头的康泰时摄影机，不但零件齐全，而且暗房冲洗放大用具，一应俱全。他认为价钱廉宜，我就买了下来，带回北京。因为机件灵活，拍摄舞台剧照，特别生动清晰，那时张肖伧在上海办的《戏剧旬刊》，所有北京舞台剧照，十之八九都是我寄给他刊登的。"七七事变"爆发，我尚没来得及走避，日本宪兵队已经"光临"舍下搜查，结果毫无所获，却顺手牵羊，把我的康泰时照相机，连同附件，一股脑儿囊括而去了。抗战八年东奔西走，又没有好照相机，当然更没有闲情逸致搞摄影艺术了。

抗战胜利，民国三十五年来到台湾。日据时代的总督府被美机炸得残垣断壁，尚未修复。衡阳街一带算是房屋整齐地区，每天下午，两边行人道，摆满了钟鼎瓶炉、彩牒翠羽，最多的就是各式各样的照相机，一望而知是日本人在占领期间掠夺的战利品。战败投降，这些东西无法携带回国，只好三文不值两文，卖给收荒货的了。我友孙叔威对于光学仪器素有研究，他每天就在那些古玩地摊寻宝，最多的一次，一口气买了二十一具摄影机，最大的镜头一点八，算是当时最好的啦。他坐船往来沪台之间，返往四五次，获利甚丰。后来，他在上海，彼此也就音讯隔绝了。我的书柜里至今还放有几具红绿黄蓝镜头，现在虽然手颤眼花，久已不玩照相机，偶尔拿出来把玩把玩，想起当年为捕捉一个镜头，披星戴月、餐风沐雨、不辞辛劳的情景，不觉哑然失笑。可是想久了，又有一缕闲愁涌上心头，我毕竟是老了，没有当年豪兴矣。

早年读书生活记趣

笔者从认字号[①]蒙童入学,都是延师在家课读,没上过一天私塾,可是对于私塾的情形,倒并不陌生。

先伯祖文贞公在世的时候,每天骑马射箭,后来改为定靶飞靶练洋枪,所以舍下的马号("马厩"的北平话叫"马号"或"马圈")占地非常之大。自从他老人家大归,马号里除了车库,天天安置两辆马车外,其余房舍一律空闲。

有一年黄河泛滥,山东利津一带受灾严

---

① 指将方块字写在大纸上,逐个记诵。

重，有崔亦斋夫妇庐舍悉被洪水淹没，二人仅以身免，逃荒北来，舍间门房徐霖，是他表叔，特来投止，先慈就让他们暂在马号栖身，每日三餐跟家人一齐吃大锅饭。

崔亦斋曾经入学中过秀才，文笔也清道粹美，他见马号中央有六间相连瓦房，四户八牖，窗宽室明，比较一般群房，高逾两尺，原本是御者为随时察看两旁马槽驴骡马驹动静特别垫高的，阶前高槐疏柳，还有几分雅趣，便打算辟作学塾，教几个蒙童，暂时糊口。舍间原聘有先师阎雨人给笔者姊弟三人授课，远亲近邻都知道阎师学贯中西，想把子女送来附读，可是阎师体弱多病，一律谢却，现在崔亦斋打算设馆教学，学生倒是现成的。

学塾定名"尚志"，从马号仓库找出些旧桌椅，修修改改，居然排成可容三十多人的课室。开学那天有十七八个学童送束脩，拜圣人，给老师行大礼的，唯一缺点是学生年龄最大的十六岁，最小的只有八九岁，论程度有的能提笔写一两百字短篇，开讲能细心领略，有的才略识之无，正在念"三百千"（即《三字经》《百家姓》《千字文》）。

崔老师经过一个月的细心考验，把他们按程度分成初、中、高三组。有些人把子弟送来读书，只求明达事理，能写会算，做一个规矩干练的买卖人就算了；有的人对子弟期望为龙为凤，光大门楣，荣宗耀祖，崔老师都能循家长们的希望，因材施教，所以他的书馆里从三百千而《幼学琼林》《龙文鞭影》《诗》《书》《易》《礼》《春秋》《左传》《史记》《古文》《文选》，甚至天文、地理、珠算、筹算、笔算，有天分高的想学，他都不厌其烦地一一讲授。这是三家村的老夫子所办不到的。

他的尚志学塾，每月初一十五各放假一天，我每逢他们放假日子，总要找崔老师瞎聊上半天，有时拿窗课或诗词手稿请他指正。

他对于史论有时真有独特的见解，诗词的用字遣词华朴燀赫，绝无俗韵，阎师跟他彼此虚中求益，也极为相得。据他说：当年在利津读私塾的时候，还要读八股，作试帖诗，写白折子，大小学童，挤在一间学房里，扯开嗓子，一喊就是一整天。开讲是一种束脩，开笔束脩又要升格。从前有一首七律，是形容这种学塾的："几阵乌鸦噪晚风，儿童齐逞好喉咙，赵钱孙李周吴郑，天地玄黄字宙洪，三字文完翻纲略，百家姓毕理神童，就中有个超群者，一日三行读大中。"

这首七律没有什么深文奥义，大家一看就懂。诗里所谓"一日三行读大中"，是指《大学》《中庸》。所谓"三行"者，从前木刻本四书，大致总是一行十七个字，资质普通小孩，每次上新书，总是以三行为一段，三行念熟送到老师座前去背，一边晃荡身躯一边背，有时晃成习惯，不晃就背不出来，因此到了放学之前背书，这边晃，那边晃，真能晃得你头晕眼花。

聪明小孩三行背熟再上三行，每天可念七八十行上百行，一般说来一天能念四五十行的，已经算不错的了。早年长辈们议论小孩聪明与否，都以每天能念多少行来衡量，再大一点已经开笔的，就问能作多少字的文章了。

学馆也教学生写字，一般的都是写颜柳欧苏，写字、念书按组错开来教，否则学生故意起哄，高声朗诵，真能把人的头脑吵昏了。

崔对中高组的学生，凡是真正有志向学者，写字从大小篆入手，然后汉隶魏碑行草，有几名聪明骏快、笔姿遒劲的，学习两年，到了年级放学，跟老师在西四牌楼大院胡同东口一个高台阶山货铺门前设了一个春联摊。一般春联摊多半只有行楷两种，而他们的春联不但真草隶篆样样俱全，商家铺户来买春联当场挥毫不说，而且能把人家字号嵌在上下联内，所以大街南北殷实铺户都等他们摆上摊子，前来相烦，十来天的润笔，没有一百也有八九十元。崔老师知道哪位学生家境较差，便让他带回十块八块钱回家去过年，剩下的钱他就送到龙泉孤儿院给院童们充作春节加菜金了。

七七事变，抗战军兴，崔氏夫妇随军内移，我们也就失去联络；民国三十六年，有一位他的学生在美国伊利诺大学教书，曾经跟崔老相遇洛杉矶的一家中国餐馆，据告来美多年，在一家图书馆担任中文图书目录编审工作，现在已经退休了。

印 泥

　　现代书画名家，写字作画有几件最苦恼的事：第一，想找几张着色着墨得心应手的好纸，真是千难万难；第二，除非您有制笔的高手朋友，特别订制，否则想买几枝挥洒自如的笔也是很困难；第三，凡是凝厚深润的好墨、老坑朱砂、色彩精炼的石青石绿、灵秀淡荡的赭石藤黄，都成了可遇而不可求的瑰宝了；第四，是跟书画关系极为密切的印泥。在清末民初能得到极品印泥，已经是稀世珍宝了。至今想要找几两不沾不滞，磨而不磷，沉纯不火，历久弥新，正朱或深紫的好印泥，比前面三项更是难上加难啦。

我幼年时，在书房上学，除了念诵默背之外，看书还要加以圈点，也是重要窗课之一。一开始先看《史记》《汉书》，用的是江南官书局大字本，全书不别句读，看书的人要一边看，一边点句。文具盘里摆满了比牙签长一点的象牙牛角点书圈，有单圈、双圈、三圈、套圈、万子、梅花、三角、方胜等。第一遍看用单圈，第二遍看就点双圈或套圈，总之，每看一遍换一种不同式样的点书圈。所用的印泥，无非一般南纸店卖的所谓上等八宝朱砂印泥，装潢倒都是细瓷烧的山水、花鸟、仕女图样印色盒，比起现在台湾市面上卖的红漆铁盒上头贴着"朱肉"两个字的印盒，那要细致典雅多了。虽然印色盒挺讲究，可是盒里所盛的印色未见高明。印色用不了三几月就干了，再加调印油，那可糟啦，夏季天热，不论怎样揉搅卷翻，看起来表面上泥油匀称，两者交融，可是用起来，格格不入，不润不沾。冬季天冷，就是加倍翻拌，泥油依然两不相契，油印殊途。有人说，冬阳一曝，必定可以调和融化，如果趁着印泥未凉，尚可使用一时，等热气一过，泥油化分，泥硬油汪，整盒印色简直报销啦。

本来想专心一志好好点几页书看，让印泥不趁手一搅和，看书的兴趣顿时飞到九霄云外。于是想到，何不针对这些毛病缺点，自己制点印泥来用呢？说来容易，做起来可不简单，虽然累次试制，都不理想，可是始终未曾气馁。

先伯祖秋宸公当年服官浙江吴兴（湖州）的时候，幕府中有位老夫子鄢慕渊，虽然年纪很轻，他可是祖传擅制印泥的高手。因为宾东相处十分融洽，先伯祖卸任返平的时候，他把自己悉心调制的极品八宝藕丝印泥，一朱一紫，大约各有四两，放在一只仿定窑有盖白定长方双格印池里，外面用一只紫檀木织锦里带提梁的套匣相赠。匣盖外面并且用隶书刻了"用行舍藏"四个字，风骨清劲，精练脱俗。不但印泥是灿若丹霞的极品，就连印盒印匣也是文房中稀有的珍玩。在下看书点书虽然苦于印泥恶劣，几次拿出观赏，由于珍视先人遗物，始终没敢拿来点书。因此更坚定了想试制合用印泥的决心。

当时听说杭州西泠印社有两位制泥高手，可是南北远隔，只有徒殷结想而已。到了民国二十一年，舍亲李栩厂组织轩渠轩诗钟雅集，有一次在北平名金石家寿石公寓所举行，在座有位张志鱼先生是位竹刻专家，并且擅长制泥。据他表示，他制印泥是经过海曲鄢慕渊指点。我听到这消息，简直欣喜若狂。后来经过志鱼兄的引介到宣外永光寺中街鄢老的寓庐求见。慕老极为念旧，知我是秋宸公侄孙，又是虔诚求教而来，欣然答应。

累次，慕老把取朱、飞朱、乳朱、理艾、制油配合种种心得都不厌其详地解说，让我一一抄写下来。慕老说："泥封就是印泥前身，汉代官文书就开始使用了。所谓'封泥'是一种微含紫色的强力黏土，等公文信件用绳索捆扎好了之后，用一块稀释的封泥，跟绳索包粘牢，就用印章在封泥上捺印，等到封泥凝固硬化，就会和绳索结成一体，若是收件人收到封泥文件包裹，而封泥崩裂剥落，那显然是有人私拆了。后来欧洲各国国际外交文件上使用火漆固封，跟封泥的用意完全相同。"

自从蔡伦发明造纸，很快公私文件奏章函札，一律改用纸张，封泥因此不合实用。于是有人研究把朱砂研成细粉，用水调匀，涂在印上，再转而印到纸帛锦绢上，比起最初使用封泥又简便多了。不过水调丹砂，一定要涂抹得十分均匀，否则模糊难辨反而增加困难，于是古代监印官员必须经过相当训练，才能得心应手。所以从汉唐到明清大官到任，都要携带监印人员。

到了汉末唐初，有人研究出一种新的方

法，改水调为蜜调，不但着朱匀净高洁，而且浓艳殷红，色彩持久不褪。后来又有人发明改用油调新法，把油调朱砂拌入千锤百炼的艾绒里，就绒拓朱印在纸绢之上，历代相传，一直到目前仍然沿用此法。

谈制印色方面，自然是以朱砂为主要的原料，所以要得极品印泥，首先要精选朱砂。中国朱砂以湖南辰州所产的朱砂为最好。朱砂又有老坑新坑之分：颜色发紫、色不染纸的是老坑砂，颜色鲜艳、色易染纸的是新坑砂。名称有箭镞砂（俗名"箭头"）、豆砂（俗名"豆瓣"）、劈砂、末砂、和尚头几种。箭镞是朱砂中极品，豆砂大小如同黄豆，跟劈砂都算朱砂的中品，末砂夹杂有碎石，和尚头色泽紫中带黑，属于次品。又有一种煅炙过的朱砂，紫而不鲜，外行一看，以为上品，其实过久变黑。宋代开禧德祐两朝鉴赏历代书画所盖玉玺，后来都呈现黑紫颜色，就是印泥所用的炙过的朱砂。

极品朱砂不但颜色鲜红，而且隐泛宝光，先用烧酒搓洗干净，在太阳下曝晒干透，入药臼碾细，用擂钵慢研，略粗的另用细筛筛过再研，总之，越细越好。然后取出放在乳钵里加入广胶水再研，胶水的多寡，那就要看个人的手法了。然后再加滚水跟胶水等份，擂十几二十下后，把漂浮的朱砂，撇到瓷盆里。打底朱砂加胶水再研，把浮起的朱砂一次一次撇到瓷盆里澄清，表面会浮起一层黄膘，用凉水再淘，看黄水淘净晒干，不要浮砂、底砂，专留中间菁华备用。这种朱砂叫作"砂栋"，晒干的就可使用，可是千万不可有尘土羼入。这是制印泥最基本而且最重要的工作，这个方法叫"乳朱砂法"。

制印泥，自然是用朱砂最好，如果没有朱砂，也可以用银朱代替。银朱是福建漳州汞炼过的最好。先用泉水把银朱淘洗，银朱里所含的油质，经过洗涤，自然会漂在水面，细心把浮油撇去，等银朱晒干，就可应用。有一点要特别注意，朱砂制的印泥，不可掺入银朱，银朱制的印泥，也不可以掺入朱砂，假如两者并用，印色也会变黑。这个方法叫"飞银朱法"。飞银朱的水，以山泉为最，河水次之，井水又次之，雨水、矾水均不能用。

制造印泥主要原料除了朱砂或银朱外，还有一样是艾绒。河南汤阴产的叫"北艾"，浙江四明产的叫"海艾"，湖北蕲州产的叫"蕲艾"。理艾的方法首先摘去梗蒂，用筛子筛掉碎屑，专留艾叶，用棕绷搓揉，把艾叶外衣褪尽，再用乳钵磨研。为恐艾衣尚未褪尽，再用小绷弓弹打，把剩余艾衣艾叶筋络弹去，然后用石灰水浸泡七八天，另换清水微火煎煮一天一夜，连续换水榨去艾叶黄水，到黄水变成透明，把艾叶干透，再筛再弹，艾叶里的黑心就可以全部去尽，大约一斤艾叶，最后仅能得到艾绒三至四钱，才算合格。

此外木棉、灯芯、竹茹、藕丝都是可以用来制印泥的。不过棉花性软，灯芯茎刚，竹茹体滑，藕丝柔弱，都不如艾绒。近来有人提倡用藕丝，那要特别加工，如果加工不当，反而不如艾绒。调制印泥的油，茶油、蓖麻子油、胡麻子油、菜油，都可以使用。茶油清冽，历久不腻。蓖麻子油厚重，好处是着纸不渗。胡麻子油性浮，合色较差。菜油色黄，性滞易渗。不过茶油煎煮，手续过分繁复，一不小心，就全盘失败，所以现在煎油只采用蓖麻一种了，虽然比用茶油手续稍简，可是不会失败。

蓖麻又叫草麻，霜降后选足粒的蓖麻子晒干，放在避尘透风的竹篮里，等到第二年取出，先把蓖麻子用石舂捣碎，榨取蓖麻子油备用。

蓖麻子油五斤、纯净白芝麻油一斤、藜芦三两、猪牙皂二两、炮附子二两、干姜二两、白蜡五钱、藤黄五钱、桃仁二两、土子一钱（以上药物中药店均有售），共同倒入一瓷质容器里（忌用铁器）滚沸四小时，然后改用文火煨炙三天三夜，把渣滓全部滤净，剩下的油汁，贮入有盖的瓷罐，埋入阴凉土下三尺。阴冷十天后将罐取出再晒，夏季晒三天，冬季晒六天，等剩余水气完全消失，就可备用了。如果煨油一时用不完，将罐口严密固封，随时取用，只要保存得好，不沾灰尘，可以百年不坏。凡是精制印泥，十之八九都是用这类煨油制成的。（鄢慕老当时把收藏调制好的印油慨赠十多两，使得笔者后来调制印泥，省却取油煨油最麻烦的手续，而获致意想不到的效果，制成绝妙的印泥。）

一切原料都准备就绪，最后一道手续就是调和印色了。制朱砂或制银砂一两，制油二钱四分，寸方金箔六张，加入煨油少量，以能拌合为标准，放在乳钵里，由里向外顺研，研到油不浮、砂不沉为最低尺度。如果能多研，遍数越多，颜色越鲜艳，而且不褪色。加入制过艾绒，顺研三百匝，放在阔口细瓷器皿里，上盖玻璃板晒五至七天，因为朱、艾、油三者刚刚调和，短时间内彼此尚不相融混，常用竹制或竹骨扁簪随时翻腾拌搅，再经三个月后，朱、艾、油三者才能相混相合，则絲缬耀彩，仿佛胭脂初染，才算大功告成，制成极品印泥。

请想制泥选料已经如此困难，调制又如此繁杂费时，所耗精神气力更是无法估计，而且识者越来越少，年轻人谁还肯耗费精力去钻研这些老古董的东西呢？想不到我居然毫不惮烦，潜心求教，又是故人之子，所以慕老才愿意把毕生经验倾囊以告。慕老后来并且把珍藏的煆油艾绒举以相赠。

笔者幸得表兄王云骧的帮助，照慕老的指示，一丝不苟地制成印泥九两，飞红染紫，绚练雄沉，果然算得上是印泥中的精品。当年北平画家霜红楼主徐燕荪、花鸟名家陈半丁、湖社金潜厂金陶陶兄妹①，有了得意佳构，时常到舍下来借用印泥。其中徐燕荪因为笔下快，产品多，所以借泥次数也多，专卖宋元花鸟的于非闇时常俏皮称徐燕荪是"揩油画家"，就是指此言。

可惜当年来台仓促，这一罐经过名家指点精心炼制的印泥没有带出。近来偶或在南北画廊看见若干书画名家大作，图章也颇有章法绵密、神韵入古的，可惜间有一部分所用印泥粗涩晦暗，所以不由得想起我那罐宝贝印泥。现在在台湾想物色几两上好印泥，恐怕是可遇而不可求了。

① 此处"金潜厂"应作"金绍城"，金陶陶长兄。1926年，金绍城病逝，三个月后，其弟子与嗣子金潜厂发起湖社画会。

市井风俗

谈 印

　　江苏江都的于啸轩、海陵的沈筱庄，都是以须弥芥子、蝇头雕刻驰誉中外的。于精于牙刻，沈擅长竹雕，沈平素总是自谦不会写字，其实他写的一手晋唐小楷，不求工巧而自多妙处。而他治的印神足气满，妙造自然，更是一绝。

　　沈筱庄自民国初年，就在北洋政府的印铸局担任制印科科长，他跟先师宋楚卿同乡，又是多年至好，所以时常到舍下聊天。他职司治印，而印铸局又积存不少官方治印的文献。他一来到舍间，笔者总要请教点儿有关治印的典章掌故，日积月累，确实增加了不少见闻。随时札记下来，有些事情，都是现在不容易听得到了。

他说，中国自秦代开始，就设有符节令丞，掌管官家的符节印玺。从汉代到宋代，有符节御史、主玺令史、符玺郎中、符玺郎，这些名称，都是历代掌管制造印玺的官员，到了元代叫"典瑞监"，明代叫"尚宝司"，清代把尚宝司一部分并入内务府，一部分并到礼部，设立铸印局。到了民国把铸印局改成了印铸局。这变动可以说是历代掌印、铸印的简单沿革史。

晋宋以前，新官上任，就铸新发印一颗。新旧任交接，并不包括职官印记在内。南宋时候，内外百官，迁调太繁，终年刻印铸印，实在不胜其烦，而且金银铜炭耗费太大，府库支应不了，于是才把"每迁悉改"的制度，改为源远流长，新旧交接。可是各州各府有磨损作废的印信，还要缴还礼部，在礼部厅前一块坚硬的大石头上，会同主管官员将印信敲得粉碎，才算手续完了。

相沿到了清代，废印还是缴回，不过不再敲碎，而是在缴销印信当中，凿上一个缴字，银印交回铸印局，熔化储存，留作后用。铜印就汇送户部，改铸钱钞了。到了民国，政府虽然对于印信关防，也有种种规定，并且规定缴销。可是军阀割据，在各自为政局面之下，失败的躲进租界，逃亡海外，能将印信缴回的，真是百难得一呢。

谈印一定要先了解字的演变源流，上古的字，传说有龙书、穗书、云书、鸾书、蝌蚪、龟螺、薤叶等。因为年代久远，虽然听说，可是都没见过，传下来的只有史籀大篆。到了秦代丞相李斯，由繁变简，就是后来的小篆，又叫"玉箸"，或者是"铁线篆"，程邈简而变体，就是隶书，王次仲改为八分书。蔡邕改为汉隶，后来楷书、行书、草书。越变越跟原来书法的象形、指事、会意、形声、转注、假借六义，挨不着边儿了。

在秦代以前，玺印不分，到了秦始皇，镌了一方传国玺，只准天子的印叫"玺"，其余诸侯就是传国之玺，一律都改称"宝"啦。

"印"是取信于人的意思，所以从爪从卩，用手持节，表示信用。所谓"六朝二其文"有朱文白文两种，"唐宋杂其体"各朝各代制度不同。

"章"，累文成章，章就是印，印也就是章，汉代的列侯，丞相太尉的官印，印文开始用章字。

沈筱庄先生对于历代印记看法是：有人说三代时期，没有印信，其实《通典》上，明明记载"三代之制，人臣皆以金玉为印，龙虎为钮"，不过年代悠久，印文不传而已。秦印一切体制，都还顺沿周朝的典范，因为由始皇传二世，时间太短促，所以流传不广。汉印是沿习秦印的，篆法虽然稍微有点儿增减，可是还没悖乎六义，仍然具有古朴典雅的风格，后世治印，还是以汉印为宗本。

魏晋六朝的印章，有了朱文白文，从此印章变化就越来越大了。唐代印章讹谬日增，笔法曲屈盘旋，毫无古法，完全悖乎六义。宋代承唐代邪谬，徒尚纤巧，去古更远。斋堂馆阁，诗词闲章，风行一时，若干字体，史籍都找不出来，于是治印的人，率意信笔而为，完全跟秦汉相悖而行。到了元代专事武功，不讲文治。幸亏后来出了几位饱学之士，如赵子昂等，极力提倡文治，讲求复古，力挽狂澜，使得中国几千年文化，得以续而不坠。治印虽然还是趋向纤巧，可是有元代后期的复古，笔意渐渐有恢复朴拙之妙。

清代官印最初都是满汉合文，而且讲究九叠朱文印，曲曲弯弯，把印填满为主。而且官阶的高低，明订印信的尺寸来区别。至于个人私印，先本宋元余绪，后来博古之士，趋向赏鉴秦汉印章，渐次又得秦汉之妙。以上说的，都是沈筱庄先生集几十年治印所得的观感，见仁见智，每人看法也许各有不同。

三代到秦汉，天子都是玉印，私印间或有玉的，取其君子佩玉的意思而已，但不多见。汉代王侯都用金印。官至二千石，就改用银印了。可见古代用金银治印，是判别品级的。古往今来，不论官私印记，用铜印最为广泛，不过铜印也分紫铜、黄铜两种，有铸的、有凿的、有刻的，还有镀金涂银的，宝石、玛瑙、水晶，都可以治印，不过质地不是刚燥不温，就是滑而不涵，难以奏刀，而且近俗，聊备一格，做做玩饰则可，实在来说不能登品。秦汉时代根本没有拿石头治印的，到了唐宋才有用石头来刻私印，想不到现在反而以石头刻印章变成主体了，什么青石、寿山、田黄、鸡血、灯光、冻石、鱼脑冻、艾叶熏、桃花冻、芙蓉胆，真是千奇百怪，要是专谈刻印用的石头，那非写本专书不可。

象牙也是用来刻印的一种材料，因为不容易磨损，所以现代金融界，都喜欢用象牙章。象牙质软，并且容易奏刀，所以刻朱文，要深而且细的，用象牙最为适宜。不过刻白文印章，不管多么坚刀健腕，总是神韵稍差，涉于呆滞，要刻白文，宁可采用石章，不用象牙，这也是筱庄先生多年刻印的经验之谈。后来枯树、竹根、烧瓷、犀角，都拿来治，有的利其坚，有的用其怪，那都不足为训的。

　　谈到治印之法，筱庄先生说，分为铸、刻、凿、辗四种。"铸"印有两种法子，一种是翻砂，一种是拨蜡。翻砂是拿木头做印，埋在细沙里头，像铸造铜币一样；拨蜡是把蜡做成印模后，刻文制钮，用焦泥涂匀，外加热泥，上头留一出热洞，等蜡干了，把熔好的铜汁，从洞口倒进去。如果印钮要用精细的辟邪狮兽形态，那就非用拨蜡方法不可啦。"刻"印是用刀刻的，古时时常在行军戎马倥偬之中封官授爵，所以都用刻印。现在刻印的种种不同刀法，全是历代刻印所遗留下来的。"凿"印是拿锤凿出来的，又叫"镌"。凿比刻快，而且简易有神，不加修饰。有时意到笔不到，所以又叫"急就章"。白石老人刻印不重刀，不回刀，就是师法急就章的。"辗"，玛瑙、宝石、水晶，都是滑而且硬，不容易着刀，所以只好用辗的方法。但是玉工虽然精巧，可是篆文落墨，有一定章法笔意，辗出来的字，转折结构，既不能浑然一气，而且有欠流畅，自然不如刀子刻的传神。

白文印　古印都是白文，篆法也古雅大方。刻白文印，下笔要壮健，转折要气脉贯通。太肥则失之臃肿，太瘦则又失之枯槁。得心应手，妙在自然。如果牵强穿凿，或用玉箸篆，则既非正体，更有失庄重。

朱文印　上古没有朱文印，六朝唐宋之间，才有朱文，刻朱文要绚练清雅，笔意深远。不可太粗，粗则庸俗。也不可多曲叠，多了则板滞无神，赵子昂朱文最擅长，爱用玉箸

142

篆。复绝淡雅，流动有神，学刻印者，应当多多体味。

篆　法　印之所贵在印文，如果文体讹谬，就是镌龙刻凤也不为奇。有些人只在刀法上刻意求工，可是对于篆体漫不经心，简直是大错特错。各朝的印都有各朝的体制，不容混杂其文，随意把篆法乱改。现在刻印的大半都犯这个毛病，应当特别注意，免蹈其弊。

章　法　刻印章要求其章法好，平常应当多多观摩古印及好的印谱。刻印之前，需知文之朱白，字之多少，印之大小，画之稀密，怎样依顾而有情，怎样贯串才臻其妙。

笔　法　篆书虽然有体，但是一方印刻出来，如何才能凝重典雅，迥异凡构，那就在于笔法了。笔法有轻重、屈伸、仰俯、去住、粗细、疏密、强弱，要在各中其宜，方得其妙。否则流于粗俗，难得佳构。

刀　法　运刀必须心手相应，方得其妙。可是文有朱白，印有大小，字有疏密，画有曲直，不可一概率意而为。去住浮沉，宛转高下，都应当在施刀之前，打好腹稿。用腕力处要重，用指力要轻，粗宜沉，细宜浮，曲要婉转而有筋脉，直要刚健而有精神。刀法的准则，不外以上几点，至于细微末节，那要凭自己的经验，多加揣摩，心与神会，意心相合，自然能刻出好印章来。

印　体　古代印章，各有其体，千万不可自作聪明，偶一弄巧炫奇，就会出乎规矩，流于庸俗。如同诗要宗唐，字要宗晋，都是各宗其正。刻印如以汉印为宗，则大致不差，不失其正了。

名　印　印是用昭信守的，所以姓名之下只能加一印字，或印信、印章，私印字样，不能掺有别的闲杂字，否则就是失体不敬。

表字印　汉印都是用名，唐宋才有表字别号印章，表字印只能闲用，不能用于官文书契约文件之上，所以表字印、别号印顶多加上氏字或姓字。近代有些人莫明究竟，表字印也加上印或章字样，那就不合古制，刻印的人应当切记。

臣　印　汉印有刻臣某某者，古代臣是男子的谦称，不独用于对君上，就是朋友往还，也常常用来盖在函件上。刘石庵有一封给同僚的信札盖上一方"臣刘墉"的印记，胡适之先生偶然说刘石庵有奴才相。黄季刚、林损两位国学大师，在北大民主墙上，引经据典把胡适之痛驳一番，这也是用臣印的一段小掌故。

别号印　有些文人墨客，喜欢刻某道人、某居士、某逸士、某山长、某主人印章，这种印章是唐宋才有的，诗画闲用尚可，用之于简札，总觉有点玩世不恭，稍欠庄敬。

书柬印　书柬用名印后，有某言事、某启事、某白事、某白笺、某言疏，都很正当。可是有人花样翻新，信封上再加盖某谨封、某护封，就未免蛇足了。

收藏印　收藏书画，加盖印记，也是唐宋时代才有的。有某人家藏、某人珍赏，有某郡，某斋、堂、馆、阁，图书记盖在所藏书画上。如果印章款识不合体，篆字恶劣讹谬，印泥色败走油，再加上印记盖的地方不合适，那简直是把一幅好字画给糟蹋啦。还有盖上宜子孙、子孙世昌、子孙永宝等图记，结果子孙不能世守，摆在地摊，或者挂在荒货铺里三文不值两文卖，让人一看，祖泽已尽，子孙不肖，这些图记盖上，徒然惹人讥笑，是不是不盖还好点呢。

斋堂馆阁居轩印　这类杂印，也是唐宋时代才时兴的，字画上有了这类杂印，可以了解这幅字画嬗递的历史，若干前朝没有款识的字画，都是凭这类杂章，考证出年代作者的，虽有其弊，倒也尚有其利。

印　品　沈筱庄先生说，印最注重品，印分三品。印铸局有一部《玉泉方要》上谈到印品："神妙能轻重得法中之法，屈伸得神外之神，笔未到而意到，形未存而神存，印之神品也。婉转得情趣，稀密无拘束，增减合六义，挪让有依顾，不加雕琢，印之妙品也。长短大小，中规矩方圆之制，繁简去存，无懒散局促之失，清雅平正，印之能品也。"以上三品，刻印的人如能时时揣摩，融合精意，那刻出印章，自然意境深远，直追秦汉了。

印　钮　印章除了讲究质地之外，还讲究印钮。秦汉印钮，有龟、有螭、有辟邪、有虎、有狮、有兽、有骆驼、有鱼、有凫、有兔、有直、有钱、有坛、有瓦、有鼻，都是用来分别品级的，不过怎样分级，清朝以前没有专书可考，其说不一。到了清朝才制定了《宝印规制》。

以印的尺寸来说，以四寸四分见方，厚一寸二分为最贵。递减到一寸九分见方，厚四分为最低级。关防以长三寸二分，阔二寸者为最贵。递减到长二寸四分，阔一寸四分为最低级。

宝印关防所镌的文字，以玉箸篆为最贵，芝英篆其次，尚方大篆、柳叶篆、殳篆、钟鼎篆、悬针篆、垂霞篆又次之。最特别是喇嘛印，用转宿篆。

《宝印规制》订定，清朝皇太后宝用金质

盘龙钮，皇后宝用交龙钮，皇贵妃、皇妃宝用蹲龙钮，妃宝就改用龟钮。以上的各宝，都是金质，一边刻满文，一边刻汉文，篆用玉箸篆。和硕亲王、亲王世子宝，朝鲜国王印都是金质龟钮芝英篆。琉球国王、安南国王、缅甸国王印，都用银质镀金，驼钮尚方大篆。多罗郡王印，也是银质镀金麒麟钮，可是用芝英篆。此外五等封爵，内外提督、总兵、将军、都统、副都统、经略大臣、大将军、参赞大臣、统领侍卫内大臣印，都是银质虎钮柳叶篆。有用满汉托忒回字四体的伊犁将军印。有用满汉托忒三体者，是乌鲁木齐都统、古城领队、大臣、伊犁办事大臣、管理巴理坤大臣印。有用满汉回三体者，是喀什噶尔、阿克苏、吐尔等处大臣印。有用满文托忒两体字者，是塔尔·巴哈台办事参赞大臣印。有用满文蒙古两体字者，是张家口都统印、外藩各旗札萨克跟外藩各盟长印。以上都是虎钮银印。宗人府印、衍圣公印、六部印、户部盐茶印、三库印、行在各部院印、盛京五部、军机处印、内务府印、翰林院印、銮仪卫印、理藩院印，都是银质直钮，满汉文，尚方大篆。唯有理藩院印还要加上蒙古字。都察院、通政司、大理寺、太常寺、顺天府、奉天府、各省布政司，都是银质直钮，满汉文小篆。内官从詹事以下，外官自按察司以下，都是铜质直钮了。

印章方的叫"印矩"，圆的叫"印规"，长的叫"关防"，叫"图记"，叫"条戳"。所有关防都是直钮。各省督抚以及仓场、河道、漕运总督的印，都是银质满汉文小篆。三品以上钦差大臣的关防是尚方大篆，四品以下钦差官的关防，就用钟鼎篆了，一律铜质。喇嘛胡图古图（活佛之意）的印，或金或银，都是特赐，全是云钮，大半是满、汉、蒙古、唐古忒四体。沈筱庄先生对于清代印章，说得极为详细。他说清代印的质地、尺寸、印钮、印文，都是经过仔细研考来制定的，尤其朝鲜、琉球、安南、缅甸国王的印宝，都是由咱们中国颁给，更有"今也日蹙国百里"的感叹。

笔者因为耳濡目染，时承沈老的教益，虽然自己不会奏刀，可是对于治印之学，兴趣日深。有位舍亲李虎孙，是合肥李文忠裔孙，在上海住闷了，忽发奇想，跑到北平来搜罗印谱和围棋谱。他虽不住舍间，可是旅舍狭仄，搜购的印谱棋谱，都由笔者保存。棋谱不谈，光是印谱他就买了七百多种，他是兼收并蓄，不择精粗。真有稀世原谱，笔者真正借此大饱了一番眼福。他有一部元朝邱衍著《汉印萃古手稿》，有汉印朱拓三百多方。笔者春节逛厂甸，在一个卖破铜烂铁的荒货摊上看见有一堆用旧麻绳穿的废铜器，仔细一看，敢情一串汉代长条铜印，有三十多方，花了八毛钱，就把这一串汉印买回来了。等把泥土洗刷清楚，拿《汉印萃编》一对证，这类汉印，只有一寸二分长、三分宽，一律钱钮，全是头一个字姓都刻的汉隶，底下是花押，就不容易辨认了。查对结果在书上可以查得出的人，一方霍字印是霍去病花押印，一方李字印是后汉李膺。其余或者人名不见经传，或者斑驳残缺。以八毛钱买了两方汉印，当时真是欣喜若狂。后来舍亲李栩厂把这两方汉印要了去，一方留为自用，一方转送霍宝树。因为霍是冷姓，居然汉印里有姓霍的，而且是霍去病。所以霍宝树得了这方汉印，一直视同拱璧呢。

另外有一方图章，也是无意中在地摊上拣的便宜货。这方图章是不规律八分大小一方艾叶熏，买的时候，涂满了干泥巴，抠了半天，也看不出什么字，等拿回家洗刷干净一看，印文是"年二十七罢官"六个字，再看边款是梁节庵先生参奏李少荃，被慈禧太后永不叙用，在焦山闭门读书所刻的印章。先祖与梁系会试同年，所以笔者对于这件事情知道得比较清楚（前两年高阳先生在

152

一部清宫小说，也提到过梁鼎芬有一方"年二十七罢官"图章）。既然这是一方历史性的图章，偏偏凑巧，笔者在二十七岁那年，也弃官从商，跟朋友往来简启，也都盖上这方图章。可惜来台仓促，这方图章没能随身携带，否则真想把这方印章拓朱，送给高阳先生看看呢。

来台将三十年，除了在台书画名家自用印章外，古玩铺印章店就没看见过一方看得过去的图章。关于刻印方面，虽然有几位大方家竭力提倡，希望维持不坠，进而发扬光大，可是既没好石头，更没有印泥，您说怎样能鼓舞提倡起来呢?

谈裱褙艺术

一九七六年夏季，叶公超博士在亚太地区博物馆研究会发表一篇有关中国裱褙艺术的英文论文。承历史博物馆何馆长浩天赐寄原文，叶博士对于中国裱褙艺术不但所知精湛宏博，而且颇多阐发。他认为台北"故宫博物院"设有裱褙部门，只能做到抱残守缺，实嫌不够。应当邀请日韩各国裱褙专家，共聚一堂，把这项艺术广泛讨论，对于裱褙及一切有关的技巧技术，设计出一套标准规格的工作程序，最终的目的是要裱成一幅能持久、能达到最高水准的字画。

叶博士这篇论文，不但引起中、日、韩

三国裱褙艺术专家的注意，就是欧美各国藏有大批东方字画的博物院如法里尔、纳尔逊美术馆、大英博物馆也都注意到这件事，在裱褙艺术方面深入探讨，希望有所贡献。

中国的传统书画，除了最早的壁画以外，写字画画总离不开宣纸、棉纸和丝绢，可是这三种材料不但质地柔软而且薄弱，精心传世之作，必须装裱起来，才能便于保藏。所以几千年以前的名人字画，能够流传下来，都有赖于装裱得好，才能绵绵胤育流传到现在。

《新唐书·百官志》："熟纸装潢匠八人。"《通雅·器用》："秘阁初为太宗藏书之府，并以黄绫装潢，谓之太清本；潢，犹池也，外加缘则内为池，装成卷册，谓之装潢，即表背也。"这是最早裱褙见诸文字的记载。后来宋人虞龢在《论书表》里有"宋范晔喜卷帖装治"的说法。可见晋代以前，还不会装裱，到了唐初才开其端。虽有专人担任装潢，尚难求其精丽，到了宋时，范晔良工良法才深得装裱之妙。

明代周嘉胄写一部《装潢志》，清代周二学著有《赏延素心录》，都是有关装潢艺术的著作，可惜都是偏重理论的书籍，对于技法步骤，都约而未详，所以裱褙技艺只有师徒授受，代代相传，一直到现在。叶博士的呼吁，确具有深知远虑的。

笔者自幼对于苏裱名人字画就有浓厚兴趣，虽然自己不去动手，可是旧藏的字画艺签缥带，牙轴锦镶，倒也足供摩挲把玩的了。由于北平名画家萧谦中的介绍，而认识了北平琉璃厂松古斋的装裱高手苏州人汤渐藜。由明代到清代，字画讲究苏裱，而苏裱中能够称得上尽善尽美的能手，也不过几个人，被同行中尊为国手的，也不过是汤、强两家（汤就是京剧《审头刺汤》里的汤勤汤大老爷）。汤渐藜就是汤裱褙俊之的裔孙，不过汤大老爷被戏里渲染成奸狡虚猾的势利小人，在大庭广众之间，不愿意承认罢了。

笔者自从认识汤渐藜之后，没事就往松古斋跑，凡是家里的字画，无论新旧都送到松古斋去装裱、重裱。久而久之，汤知道我喜欢装池艺术，而不是打算吃这碗饭的，也就知无不言，言无不尽，毫无顾忌地倾囊而谈啦。

汤渐藜说："裱画手艺拿北平来说，分苏裱、行裱两种：苏裱讲究手工精细，款式大方，绝不偷工减料；行裱是能省就省，含糊蒙事。苏裱以琉璃厂为中心，价钱虽贵，可是从不欺人；行裱以廊房头条做据点，那比琉璃厂的手艺，价钱尽管便宜，可是手艺工料就差得太多了。一幅作品送到裱褙店去装裱，因为写字画画，不是宣纸、棉纸，就是丝织的绫绢，质地柔软，缺少韧性，所以装裱第一件事是在字画背面，先粘上一层棉纸，把原件增加厚度，稳形定性，内行话叫作'托'。同时有残缺皱纹，这时候都可以弥补熨平。等衬纸完全晒干，然后把四围不用的边，从落款一边起切割整齐后，就可以着手镶边工作了。镶边先要在裱件背面四周，先比齐粘好细条的纸打底，然后贴上棉纸。讲究的用绫缎，此中高手，为了配合字画纸张的色泽，有的甚至于用水纹绫、古锦缎来托衬，把裱出来的字画显得清新华贵，色彩冷艳，真能把字画的身价抬高。做好了镶边，这幅作品装裱手续，只能算是完成一半。

"裱褙字画过程中，调制糨糊是最重要也是最麻烦的工作。良工巧匠，各有各的手法，日积月累，精神所萃，自然神而明之。不知道的人，总觉得高手们全有密不告人的窍门。

"其实《装潢志》上就列有治糊方法：'先以花椒熬汤，滤去椒，盛净瓦盆内，放冷，将白面逐旋轻轻糁上，令其慢沉，不可搅动。过一夜，明早搅匀，如浸数日，每早必搅一次。俟令过性，淋去原浸椒汤，另放一处，却入白矾末、乳香少许，用新水调和，

158

稀稠得中，入冷锅内，用长大擂锤不住手擂转，不令结成块子，方用慢火烧。候熟，就锅切成块子，用原浸椒汤煮之。搅匀再煮，搅不停手，多搅则糊性有力。候熟，取起，面上用冷水浸之，常换水，可留数月。'请看古代治糊有多么繁琐精细。其实坦白地讲，治糊要用花椒水，要加白矾、乳香，要调得细，搅得匀就成啦。不必一定要照上面说来做。托画的糨糊要稀，跟水是三与一之比；托绫的糨糊要稍浓，跟水是二与一之比；镶边用糨糊要黏性稍重，不必加水就可以使用啦。大致如此，其中并没有什么特别奥秘。不过一般南纸店书局所卖的化学糨糊，虽然看起来不错，可是您打算裱一幅工细的字画，还是避免使用为是。因为化学糨糊，都是大量制造，黏性有时不够稳定，容易起气泡，生皱纹，日久天长气候急骤变化，不管是横披与组立轴，尤其手卷扇形裱件，都容易发生拳曲、走色、变形种种现象。所以不要只

图一时的省事，招致无法挽救的后患，千万要慎之慎之。"以上都是汤亲口告诉我的，到台湾之后跟此间裱褙行家谈谈，都认为汤渐夔很对。

自从第二次世界大战结束以来，全世界物价都在缓缓上升，币值渐渐下降，所以各国豪商巨富，为了谋求自己的财产保值，目标都转移到搜集古玩字画上来了。所以古董字画的行情，日新月异，节节上涨，咱们中国的文化输出，当然也不后人，尤其国际友人对于中国的古玩字画兴趣更浓，因此裱画店的生意不但财源滚滚而来，甚至于裱褙人才也陆续外流到欧美各国去求发展。

因为装池变成抢手的热门生意，于是从事裱褙生意的人越来越多，为了讲求速度，裱褙功夫也就日趋马虎，甚至于比起当年的行裱还要差劲。要知道，这种艺术是慢工出细活的，没有任何投机取巧终南捷径。叶公超博士有鉴及此，所以在亚太地区博物馆研究会上发表宏文，也就是希望倡导文化复兴运动的先生们加以注意的，把千百年来经验所积的纯国粹的裱褙艺术维系不坠，要能进而发扬光大起来，让这种艺术不致失传，那就更好啦。

扇 话

中国早年在农业社会里，每年到了盛暑时期，甭说冷气机，就连电风扇、抽风机一类驱暑散热的工具，也是梦想不到的。所以到了溽暑逼人的夏天，无论是文人雅士、贩夫走卒手中都少不了一柄扇儿，虽然团扇、折扇形状各异，芭蕉、雕翎品质不同，可是其为驱虫招风的作用则一。

中国文字向来是以蕴藉俨雅为世所艳称的，当年北平的书画名家，每年春末夏初，总要在中山公园举行一次扇面书画展，全部都是扇面，每年都有不少创意之作出现。一张扇面一两元钱，最贵也没有超过八块钱的。

中国画会会长周肇祥（养庵）给这个画展题名"扬仁雅集"，既峭健简古，又贴切清新。现在回想起来，让人觉着中国文字实在太奥颐深秘了。

台湾在光复之初，有人把大陆产品华生牌电风扇带来，拂暑生凉，算是最时髦的炎夏恩物了。可是过不了几年，大同公司新产品大同电扇问世，物美价廉经久耐用不说，最令人满意的是转动无声，行销不久，就变成家户必备的拂暑工具。

近十年来台湾工业起飞，经济快速繁荣，电扇渐渐归于淘汰，由冷气机起而代之。照目前情形来看，各大都市固然都装设冷气机，就连偏僻乡镇，只要电源无缺，也都装上冷气。自从产油国家以石油为武器，油价一涨再涨，大家为了节约能源，于是又想起当年奉扬仁风的扇子来了。

依据古老传说，扇子原名叫"箑"，是轩辕黄帝大破蚩尤之后，创六书、演阵法、定六律、作内经、制宫室器用衣物时发明的。有人说周武王始作簧，亦作翣，以蔽丧衬，以饰舆车。簧从竹，翣从羽，推想是用竹片羽毛编织而成的扇子，在车前舆后障翳风尘的仪仗而已。唐宋以降，帝后乘舆仪卫所用长柄"掌扇"，实际是"障扇"，因为音同，一直以讹传讹，障扇就变成掌扇了。

扇子的历史悠久，从古迄今，种类繁夥，取材各异。大致可分为：

羽　扇　最早的扇子是用鸟类羽毛编缀而成的，诸葛武侯羽扇纶巾，运筹帷幄，这位先贤的鹅毛扇子除了遥暑驱蚊，似乎决胜千里，那把羽扇还有其他的妙用呢！湖南是出产羽扇最有名的省份，他们以鹰雁鹳鹤几种鸟类的羽毛熏染攒缬而成的羽扇，美观耐用兼而有之。所以早年宦游湘省外官进京，送人湖南羽扇是最受人欢迎的。晚清时期，芝麻雕扇很流行了一阵子。雕又叫"鹫"，种类极多，好处是羽管健韧，毫坚茸密，以东北长白山雪雕制出来的雕扇最为名贵。民国初年，象牙柄的雕扇在北京古玩铺里还偶有发现，彼时也要二三十块银圆才能买得到手。其之所以如此名贵，据说屋里胆瓶插上一把真正雪雕或紫雕羽扇，蚊蠓蝇蝇都自动飞腾远避！还有一说是，患严重感冒的人，雕扇轻挥，不必避风，也不虞再患感冒。

雁翎扇　顾名思义是用大雁翎毛组缀的扇子。清代在长城各口，除了戍卒之外，各设总兵一员驻守，唯独雁门关除了总兵之外，还多了一位额外守备。大雁是一种候鸟，每年交冬，所有大雁都要经由雁门关南去衡阳回雁峰过冬。听说大雁飞经雁门关，大约是风向气流关系，没有一只是从关上飞越的，一到雁门，都是井然有序鱼贯从城门洞里飞过，每只大雁总要脱落雁翎一根。大雁来去胥有定时，当地人可以测知，叫作"雁讯"。

等大雁过完，那位守备大人要负责点清落翎数目，还要具折赍呈兵部验收，留备制造箭羽之需。另选部分精品送内务府验收，制造长柄宫扇仪扇，发交銮舆卫使用。至于内务府制来供应内廷用的雁翎扇，有少数流落到民间，物稀为贵，再加上有人故意渲染，说是感冒虚弱的人，受不了硬风，用雁翎扇引来的是和风。一柄雁翎扇虽然比不上一把雕扇的价钱，可比一般鹅毛扇的价钱要高若干倍呢！

团　扇　扇面是圆的。另有扇柄，犀角、广漆、象牙、檀根无所不备，扇面则用绸绢纱绫、篁蒲、芦茎绷裱编缀。江淹有"纨扇如团月，出自机中素"诗句，因为团扇大半是丝绢制品，所以叫作"纨扇"，其形团栾似月，又称"合欢"。

早年待嫁少女，都在女红上下功夫，闺中斗巧，扇面上的山水仕女翎毛花卉，或绘或绣，真是星编珠聚，绚练复绝，神针妙手，叹为观止。至于扇框扇柄，更是珠切象磋，玉琢金镂，令人为之目迷。这类团扇大多出自兰闺雅玩，至于仕宦商贾，因为携带不便，除非隐居燕息的文人雅士，偶或用来引风障日而已。

　　笔者早年在北平琉璃厂德珍斋古玩铺看见过一柄乌黑锃亮的广漆大团扇，中分不规律什锦格，每格一景，画的是西湖十景，署名林纾，是畏庐先生早年给贝子奕谟画的。林琴南晚年虽然也偶或作画，多系文人遣兴，简淡萧疏，想不到畏老在画艺方面，有如此深厚功力。当时系跟江西李盛铎（大斋）太年伯同去，他爱不释手，在世交前辈之前，我只好割爱。想起十景中"雷峰夕照""南屏晚钟"两景，布局用墨悠然意远，到现在还常在脑际萦回。

　　有一次应汤佩煌兄之约在他石板房府上吃螃蟹，饭后，在他老太爷铸新先生书房，看见过一把极为别致的团扇。扇柄是镂纹棕竹，并不稀奇，妙在扇面全部用朱黄色细篾片编成什锦花纹，中间竖立一座褐色木质雕镂危崖，崖顶有一只昂首翘足兀立的瑞鹤，鹤顶嵌有一块珊瑚雕刻的鹤顶红，中间镶有小米粒大小银珠五粒。铸老说是在武汉商铺督办任内，一位云南苗族酋长从祖传祭神用的黎香木截下来送给他的。这种木木龄已有千年，不朽不腐，能辟瘴毒。那五颗小银粒，更是苗疆巫师行法用的至宝，如果经过修持锻炼，可役鬼魇。别小看那几粒银珠，虽然没有传过大法，可是三尺之内，蚊虫蝇蚁绝不来侵的。汤住心居士是修持密宗正法的，对于驱魔役鬼，自有他一套看法，那扇上银珠，既然能够驱蚊逐蚁，所以他把那柄团扇就放在佛前供养了。可惜笔者去汤府吃螃蟹的季节，已届深秋，北地寒早，蝇蚁潜踪，扇上银珠是否真能驱蚊逐蚁，已无法试验，未免令人失望。

折　扇　古称聚头扇又叫折扇，据说从南北朝时期就从高丽流入中国了。照宋人笔记记载，折扇以蒸竹、象牙为骨，敷以绫绢，饰以金玉。元代高丽贡品中，就有折叠扇在内，所以说折扇出自高丽。扇子以苏州、杭州做的最为精细工巧，文具庄南纸店，都以苏杭雅扇来号召，就连夏天背着串铃箱，下街串胡同，给人换扇面、添扇骨、紧扇轴的货郎儿，也都口口声声说他的货色是从苏杭两州趸来的呢！

谈到折扇的扇骨和扇面，其中讲究可多了！要往细里说，用两三万字也写不完，姑且先从扇骨子来谈谈吧！

扇骨子约分竹、木、牙、漆四大类，拿竹扇骨来说就有若干种。最普通的是水磨竹，讲究竹纹匀细平滑，里骨软中带韧，不节不疣。棕竹，颜色有紫、有黑、有褐，有一种竹节上带白斑的，如果匀密适度，就更为名贵了。湘妃竹，据说大舜崩逝后，二妃哭帝，泪染于竹，斑斑似泪痕，所以叫湘妃竹，因为斑纹耀彩，奇矞交织，依其形态色泽大小、疏密，分为螺纹、凤眼、紫菌、艾叶、乌云、朱点等名堂。这种竹子，以湘桂所产最佳，而桂尤胜于湘。当年收藏湘妃竹折扇的，首推盐业银行韩颂阁，他有各种纹彩湘妃竹扇二百多把，不但扇骨子好，扇面上书画，都是由明到清的时贤手笔，并皆佳妙。他视同瑰宝，放在银行保险箱里，不是玩扇子同好，他等闲不肯轻易拿出来供人鉴赏呢！

此外，名琴师徐兰沅收藏湘妃竹的扇子也不少，徐在北平琉璃厂开了一家竹兰轩，以制售胡琴、二胡为主，胡琴上的"担子""弓子""筒子"，都离不开竹材，所以他不时要跟竹行人打交道。有一年跟他交往多年的一家竹行，年近岁逼，一时无法脱手，徐大爷一慷慨，二十多包材料，竹兰轩一律全收给包圆了（北京话，全买下来的意思）。

谁知后来打包一看，其中有四包全是湘妃竹，当然胡琴铺除了做担子，根本用不上湘妃竹。别瞧徐兰沅是梨园世家，可是人极风雅古博，平日喜欢临池挥洒一番，体势极近樊云门，几可乱真，闲来还爱盘盘汉玉，玩玩鼻烟壶，对于玩玩扇子，更是内行。这批湘妃竹经他量材器使，爬罗剔抉，居然让他制成四十几把上品湘妃竹的折扇来。其中有两把斑痕明晦、螺纹重叠，一把像极达摩祖师在蒲团上参禅打坐，意境高古，另一把仿佛游鱼喋藻，也是栩栩如生。扇子打磨完成，正赶上红豆馆主溥侗到竹兰轩小坐，徐大爷心里一高兴拿出来一献宝，谁知侗五爷一阵软磨，好说歹说，愣是把妙趣自然达摩面壁的湘妃竹扇拿走了，后来拿一部蒋衡写的初拓"十三经"全套回赠。虽然也非常名贵，可是徐大爷心里总觉得不十分惬意呢。

名小生姜妙香有把湘妃竹扇子，是冯惠林得自大内，给了女儿冯金芙，金芙后来给姜六续弦，所以这把扇子，落在姜六手上。扇子上竹斑，仿佛一塘荷钱游鱼戏水，鳞鳍相接，可贵处在毫不雕镂，纯出自然，跟徐兰沅的那把，可称天造地设的一对，姜圣人把那柄扇子视同拱璧。至于同仁堂乐元可、大隆银行谭丹崖都珍藏有几把名贵的湘妃扇，虽然都属精品，可是要跟韩、徐的收藏比较，似乎仍逊一筹。

乌木扇　文人雅士所用扇子中，乌木扇尺寸算是最大的了，扇骨长度没有少于一尺六寸的，宽度总在一寸以上。刘石庵在外间给人写屏幅对联，没有带镇尺，就拿乌木扇子代替，取其宽长厚重。后来大家竞争大尺寸乌木扇，日久相沿成风，想买一把玲珑小巧的乌木扇还不容易呢！乌木坚实，不易奏刀，所以乌木扇骨以素面不雕的居多。当年在上海给犹太富商哈同伉俪设计建造爱俪园的乌目山人，因为乌木跟乌目同音，他专门搜集木扇子，重金不吝。他居然有名家雕刻极为工细的乌木扇子六七柄之多，上海著名遗少刘公鲁常开玩笑说，乌目之所以为乌目，就是因扇子而享名的，否则谁也不知乌目山人何许人也。

海象牙扇 海象是生长北极冰雪里的，一对长牙可达三英尺左右，赋性凶猛，可是向来人不犯我，我不犯人，徜徉北极，在动物中算是一霸。因为海象一发威，径尺钢板的艨艟巨舰都能弄穿，所以北极圈的动物谁都不敢轻易招惹它。民初著名俄国通范其光（冰澄）担任中东铁路理事会华方理事时，关于中东铁路的一切，事无巨细全都了如指掌，俄方对范氏又敬又恨，千方百计压迫范氏离职。到范交卸离位，俄方有一位理事，送了他一对海象牙，范拿它做了几十副牙箸外，把其中精华部分，制了两柄折扇子。

当时于啸轩、吴南愚、沈筱庄几位刻牙

173

高手都在北平，他们能用单刀浅刻，在方寸象牙刻上六七千个细如毫发的小字，可是谁也没在海象牙上试过刀。范冰老想在海象牙骨子上雕刻字画，他们都不敢应承。后来打听到另一位名家白铎斋刻牙刻竹，能用阳文深镌，就以重金请白氏奏刀。一面刻的是《般若波罗蜜多心经》，另一面刻的是《十八学士燕乐图》，刻成之后，他选了一把送给曾任中东铁路督办的宋小濂。后来上海永安公司举行过一次扇展，这把扇子曾经在会场展出，有人疑为象牙，有人猜为鱼骨，但是谁也没有猜出海象牙呢！

玳瑁扇　轻柔招风，过长过厚则易碎裂，所以全扇骨用玳瑁制的还不多见。苏州灵岩山印光上人有一把全玳瑁折扇，是印尼一位高僧所赠，龟符呈斑，极为稀见。一般玳瑁扇子，多半是镶条嵌在竹心里，有的什锦扇用玳瑁做截格骨柱，黑白相间，也很别致。

虬角扇 好像虬角一定要染成深绿或墨绿才合格局，因为浓绿太显眼，所以用虬角做扇骨的并不太多。从前北平打磨厂有一家虬角店，偶然间得了一块虬角材料，足够做一把折扇的，经过染制后，绿柱为乌，反而有一种古拙素雅风格。后来被名小生金仲仁买了去，配上泥金扇面，一面请姜妙香画王者之香翠谷幽兰，一面是朱素云写的半行半楷《洛神赋》，他视同珍宝。给荀慧生配戏时，在舞台上曾经用过一两次，平素还不肯随便展示呢！

檀香扇 以广东产的最有名，云南龙陵的产品也很出色。檀香分黄白两种，黄色檀香木纹柔细，香气秘馪，尤其妇女所用坤扇，平素用檀香末偎着，夏季拿出来使用，玉腕轻摇，不但馥郁满室，而且辟秽驱虫。从前暑中问丧吊祭都换上檀香扇，就是用来驱除异味的。

至于白檀香产在深山嶙壑，采伐不易，所以白檀香扇子就极为少见了，从前何成浚（雪竹）先生有一柄白檀香折扇，窄骨密根，配上双料泥金扇面，雍容华贵兼而有之。当年上海之花唐瑛女士也有一柄白檀香扇，据说是她夫婿从法国巴黎买给她的，翠镂鸾翔，拿在绮袖丹裳美人如玉的手上，美术家江小鹣说："那种柔情绰态，活生生是一幅最美的画图。"

剔红扇　剔红俗称"堆朱"，我国北宋时期就发明了，所谓堆朱，是把树脂漆，配上朱红色料，以坚硬的橅木作堆胎，涂上漆料，等漆干之后再涂一层，一层加一层地堆集起来，可以堆到五十多次。漆越干，层次越多，才算上品。把木板剥落，用精巧的手法剔抉爬磨，镂刻出朱霞匀彩、九色斑斓的花纹来。

明代剔红器具，以樽彝罍卣祭器，以樏盒首饰为主，到了清代，剔红技术日有进步，才扩及文玩用品，如砚台盖、剔红笔管、加胎水盂、镂空的如意等，到了康熙年间更有巧匠，做出剔红扇骨子来。乾隆喜欢以御笔宸翰写成扇面，赏赐近臣，如果配以剔红扇骨，恩宠殊荣，可就越发体面了。这种扇骨子，偶或流落民间，得之者无不视同瑰宝，民国初年琉璃厂鉴古山房有四把乾隆御笔剔红折扇放在一只锦匣里，索价五百银圆，以当时市价来讲，实在令人咋舌。

葵　扇　又叫蒲扇，粤省高要县盛产蒲叶，质细而柔，所以蒲扇也是该县特产，因为销路广，利润厚，所以在编织方面技巧横出，花式翻新。广东豪门巨室，到了夏季珠罗帐里，总要放上一把细巧的蒲扇驱蚊。据说蒲扇扇出来的风柔和，风扇在蒙眬欲睡人身上不会受凉。北方池沼水塘少，不生长蒲草，每年初春，有一种卖南菜担子的小贩辗转渡海北来平津叫卖，遇上大宅门好生意，少不得拿出几把蒲扇来送给使女丫环做做人情。虽然一扇之微，可是比粗芭蕉叶又高明多了，加上物稀为贵，受之者也都珍视爱惜，说不定主人家还要花钱买几把来赶赶蚊子呢！

芭蕉扇　北方人叫它芭蕉叶，其实也是粗放扇蒲叶子编的，北方不出产芭蕉，以讹传讹，就叫成芭蕉叶了。北方人用芭蕉叶的在劳动阶层很普遍，谁又知道是从闽粤地区成包论捆海运到黄河流域来销售的呢！民国三十五年春节，热河北票煤矿同仁爨演京剧，生旦净末皆全，独缺小丑，有一出玩笑戏《打面缸》，王书更一角愣拉笔者承乏。王书更出场例应拿一把芭蕉叶还要剪去四边，遮着面孔出场，才合格局；当时，东借西寻，整个煤矿就是找不出一柄芭蕉叶来，年轻人甚至于不知芭蕉叶是什么样。敢情自从"九一八"沈阳事变发生，海运断绝，难怪热河年轻一代没看见过芭蕉叶了。

前些时大鹏在文艺中心公演有一出《香妃恨》，有一场马元亮饰演纪大学士在内廷编纂《四库全书》，顶翎黼黻，手上偏偏摇着一柄芭蕉扇，似乎有点不伦不类。可是据夏元瑜教授说："别看那把不起眼的芭蕉扇，还是从美国买来的呢。"笔者听了一把芭蕉叶都要从国外进口，似乎浑身都有一种说不出的滋味，我想与我有同感者，必定不乏其人。

广东人做生意，脑筋特别灵活，他们鉴于杭州西湖名产天竺筷子，用钢针画画题字，非常别致。新会有位姓伍的秀才，灵机一动，想到何不在芭蕉叶上也火绘一番呢！可是芭蕉叶脆质轻，比在筷子上火绘，可又难多了，太轻烧不出火纹来，重了会把芭蕉叶烧穿成洞。经他用心琢磨，居然让他研究出一种可行方法来：在芭蕉叶上轻轻铺上层滑石粉，要细要匀，钢针的热度要控制适当，火痕过处山水人物，花鸟虫鱼，都能得心应手栩栩如生。这样一来，他火绘芭蕉扇的生意自然日升月恒，没过几年，他已面团团做富家翁了。

北平艺专有个学生，因为爱听大鼓，整天往天桥如意轩和茂轩捧大鼓，缺课太多，被学校勒令休学。他穷极无聊，于是趸点粗芭蕉叶，在天桥摆地摊卖扇子。他在油布上画好三种图案，一是猛虎踞林，一是龙潜巨浸，一是龙凤交吟，先把图片盖在扇面，以图钉嵌牢，再用一种无色无臭的胶质液细刷均匀，放在一具带有小风箱的炭炉旁吹拂三五分钟，拿去图片，风云龙虎各具妙姿，好在不沾污，不落色，索价仅十大枚铜元，一天卖上一两百把，足够他当日买醉听歌的了。可惜抗日军兴，他就失去了踪迹，他的烟熏艺术也就失传，后继无人了。

潮　扇　是广东潮州特产，制扇子的竹筋光致柔细，软中带硬，扇面所用葛绸，也是织出来给潮扇专用的。潮州扇行有专画扇面的师傅，他们专卖"加官晋爵""财源辐辏""天官赐福""五子登科"一类吉祥画，布局、着色、衣着、脸型都极为工整富丽。虽然稍有匠气，但不庸俗，所以体面一点的人家，夏天胆瓶总会插上一两把潮扇驱暑。潮扇好处是轻而招风，物稀为贵，现在也成为古玩铺的古董啦。

折扇因为携带方便，扇面上又可以题诗作画，颇有保存价值，早已成为文人雅士把玩珍藏的古董。有专门讲究玩扇骨的，论雕刻有"单刀浅刻""双刀深刻"种种不同的刀法。以式样分有"阳文皮雕""阴文皮雕""代沙地""不代沙地"种种式样。早年白铎斋、于啸轩、吴南愚、沈筱庄、张志鱼都是京华刻牙刻竹的高手。白铎斋所刻阳文深刻的扇骨子，更是一般玩扇子朋友所公认个中魁元，于吴两位牙优于竹，沈张二人竹胜于牙。而沈筱庄书法虽不高明，而竹刻仿前人山水人物，行楷篆隶，却能深入神髓，惟妙惟肖。

民国二十年后，沈因目力、腕力均不如前，只应刻牙而不刻竹，一把沈氏阳文皮雕沙的精品，就要七八十元了。

谈扇面以同道堂精选，一面泥金，一面朱砂称极品。这种内廷特制御用扇面，不但泥金匀致厚重，而且不用掸粉极易着墨，真品在扇面左下角，有一葫芦形"同道"二字暗记，另面朱细色鲜，永远如新。笔者见过一柄黑漆嵌螺钿的扇子，一面泥金是清高宗御制诗《秋兴》律诗，另一面朱砂底是画苑沈恭工笔大青绿勾金线一株翠竹，上面落着一只翡翠鸟，顾尾剔翎，朱红浓绿，不但画好，在配色上更见巧思。

洒金扇面，又分洒金跟五色块金两种，洒金要细密匀称，块金要金縢光莹，不简不繁，这种扇面多半是御苑清玩，偶或赏赐词臣勋戚的。

绫绢扇面，据说是江南织造的贡品，颜色分浅绿、瓷青、粉红、绛紫几种，尤其青紫两色，因白菱研金银铅粉写字作画，吃墨受色滑润流畅，异常名贵，外间极为罕见呢！

乾隆皇帝最好吟诗题字，让造办处仿宋制了一批染色扇面，虽然色泽淡雅，可是容易褪色，于是让造办处到江西的铅山、临川、鄱阳，浙江的常山、上虞、绍兴、松山，安徽的歙县、宣城等处重金礼聘各地造纸名家云集京都。除了遵古仿造各式笺纸外，并且兼制各种扇面，于是粉笺、蜡笺、蜀笺、葵笺、藤白、罗纹、观音、龙须、碧云春树、团龙翔凤、金银砑花扇面五彩粉披形形色色，纸张则仿宋仿明，清奇奥古，靡不悉备，后来进一步更能仿造经笺、瓷青、高丽发笺，可称洋洋大观。

宣统出宫后，故宫博物院曾把库存一批皮货、绸缎、茶叶、药材、笺纸、扇面一并标售，笺纸、扇面早被琉璃厂几家识货的古玩铺囊括瓜分。笔者在傅沅叔家看见过几卷蜡笺，几张朱黄色扇面，都是从琉璃厂古玩铺搜求来的呢！他听荣宝斋掌柜的说，扇面精品都被湖社画会的管平湖、何雪湖两人重价得去，何雪湖后来以一百银圆一张代价，让了两张泥金扇面给吴湖帆，吴自己舍不得画，又不愿请人画，抗战时期被梁众异强索而去，真是太可惜了。

　　笔者在无锡，看见当地巨绅杨赞韶手上拿着一把出号大折扇，一面画的是《鬼趣图》，署名遁夫，一面写的是全部《孝经》，署名花之寺僧，原来是扬州八怪罗两峰的大作。扇子长近三尺，宽约寸半，比起当年北平市井混混儿（不良少年）手里拿的那把水磨竹绛紫油布面，上绘梁山好汉一百单八将钢轴大折扇还显得雄伟。当时我觉得很奇怪，常人何用偌大折扇，杨又是位文弱书生，拿在手上实在太不相称，彼此初交，又未便动问。后来经柳诒徵前辈告知，这种巨型折扇叫作神扇，是每年城隍老爷保境安民，出巡辖内，信士弟子黄沐恭绘，敬献城隍使用的。北方各省很少举行城隍出巡盛典，所以这种出号尺寸的神扇，就极为罕见了。

先姑丈王嵩儒侨寓岭南多年，有很多广东习惯。有一年他在北平寓所忽然一高兴，做起七巧节来。他家宝禅寺的花厅，前廊后厦幽敞崇闳，从玉堂到月台，紫檀八仙桌一张接一张摆满了都是小巧珍玩，精细陈设，同时陈列着牛郎织女衣物用具。例如牛郎襄衣芒鞋长不盈寸，织女的花鞋丹裳，以及车辇伞扇比一般玩具还小着若干倍，都是出自兰闺雅兴，妙手裁成。其中有一柄檀香折扇，长仅寸半镂空凿花，居然有书有画。我当时认为这恐怕是世界上最小的折扇了，谁知今年春间在外双溪"台北故宫博物院"，看到十全老人珍玩小多宝格里，有一把棕竹折扇，长度尚不足一寸，虽然不能打开来观赏，料想必定是词臣供奉精心之作，那比舍亲府上所见那柄迷你檀香扇，又小巧精致多啦。

从前相声艺人侯宝林说："从扇扇子就可

以看出拿扇子人的身份来了。扇扇子可分五
大类，‘文胸’‘武肚’‘媒肩’‘优头’‘僧道
领’。文人学士舞文弄墨，劳心多，劳力少，
只要清风徐来，扇捐胸襟，就足以逭暑却热
了，所以叫“文胸”。武人勇士，身强体壮，
整天要耍刀练剑，劳力多于劳心，箑扇轻摇，
实在不能解暑，腕力又强，裆腹首当其冲，
所以叫“武肚”。百家门的三姑六婆，站在人
面前总是胁肩谄笑，除了自己掩面遮羞，就
是对当事人逢迎挥扇，扇子多半扇在对方肩
膀上下，所以叫“媒肩”。早年京剧演员，无
论三伏天多么炎热，也没有歇夏一说，戏装
又是里三层外三层密不透风，名角伏天登台，
跟包的除了擦汗饮场之外，还有一份兼差，
就是站在下场门用木头把儿大鹅毛扇子给角
儿打扇。不管扇出的风有多冲，可是怎样也
透不过彩错镂金的戏装去，在台上打扇，只
能一扇一扇地往头部推送，所以叫“优头”。
早年在戏班里，还有一项不成文的规定，凡

是在台上给艺员们打扇，用大蒲扇、大芭蕉叶，或是各种翎毛羽扇均可，唯独不准用鸡毛攒的扇子。按说鸡毛扇扇出的风寒能彻骨，亡人停尸待殓，用鸡毛扇扇过，可以延长腐臭时间。梨园中避忌甚多，所以没有用来打扇的。和尚、老道所穿海青鹤氅，厚重阻风，内衣松宽，拉开衣领来扇，才能迎凉解热，所以叫僧道领。"侯宝林这段话，可以说观察入微了。

民国初年时兴了一阵子合锦折扇，叶楚伧先生跟吴蓉女士结缡之喜，叶楚老认为有两件贺礼是他最珍视的，一件是袁寒云用宣德朱红锦绢亲笔集句喜联，上联是"一夜入吴，双栖鸾凤"，下联是"千秋题叶，独占芙蓉"。语虽近谑，但信手拈来贴切工整，才人吐属，毕竟不凡。另一件是张溥老送的一把集锦扇子，两面诗词书画，都是硕彦针对新人嘉礼初成、催妆画眉之作，旖旎清蔚，的确是一件珍品。

盐业银行张伯驹，玩扇子是驰名南北的，他所收藏扇子以时贤书画为主，因为他是戏迷，跟梨园中能书善画的名角们，都有深厚友谊，所以那些人的字画，可以说他网罗靡遗。笔者看见过他的一柄集锦折扇，一面是梅、尚、程、荀加上王琴侬的画，另一面是余（叔岩）、言（菊月）、王（凤卿）、时（慧宝）加上郭仲衡的字。这几位的字画，在梨园行可算一流高手，而且跟张伯驹的交情都非泛泛，所以每人都是用笔精审，雅赡工致，比起他们平素一般应酬字画，气格意境就迥不相同了。

有关扇子的遗文逸事尚多，一时也说之不尽，容以后再谈吧！

蓝印泥

前两天《联合报》登了任伯年画的钟馗，一幅盖的是红印章，一幅盖的是蓝印章。我想在任伯年生前，还是讲究款式时代，在字画上盖用蓝色印章，也许笔者所见者少，简直闻所未闻。从蓝印章连带想起了用蓝印泥，我在台湾交往的南纸店、文具行、图章店也不在少数，真还没看到哪家陈列有蓝色印泥的。

早年在大陆丁忧守制，给人通函写信，或是私人文件需要盖上印章的一律采用蓝印泥。有些讲究体制的人，给人写信用的信封，不用官封（信封中间一条红签，现在已经少见，京剧舞台尚偶或见到）而改用红框框，自己住址用蓝色。

有一次我接到一位近亲丁外艰[①]守制给我的信，他把红框框也印成蓝色，我连信都没拆，就给他原信退回。后来他问家母舅，责问我何以不收他的信。家母舅又来问我，我说框框里是我的范围，如果我给他的信，框框里才是他的范围，可以把红框框涂黑。现在他秋水共长天一色的蓝框框蓝地址，我有重堂在闹，只好原封璧回了。

此外有些人以为自己知礼，守制期间，私函用蓝印泥，当然这是理所当然，可是用在官文书上，似乎就有点欠考虑了。笔者在台湾财政主管部门服务时，有一位海关监督给部长上呈文，当时他在丁内艰，连小官章也换了蓝色。孔庸之不愿意令人难堪，只告

---

① 丁外艰，指子遭父丧或承重孙遭祖父丧。下文中的丁内艰指子遭母丧或承重孙遭祖母丧。

诉官务署署长张福运说："逊清官场，逢到丁忧必是开缺回籍服丧守制，等到服阕再行出仕，守制期间私人函件改用蓝色印章，表示自己是不祥之人。有些人家办喜庆事，用红帖子，怕人家忌讳，姓名旁边要跨上'从吉'二字，至于行文上当然更不能把不吉的颜色印在官书上了。我丝毫没有责备他的意思，请你转告他，只是让他明白这是个道理就是了。"他这种长者谆谆之言，实在令部下没话可说。

笔者看过古今名人字画，少说也在万件以上，至于任伯年在自己画上盖上蓝色印章，还是第一次听说（还没见过）。此间不乏画坛硕彦，究竟古代画家有哪几位盖过蓝印章在字画上，如果有，必定有所说词，希望知道的名家有以教我就无任心感啦。

闲话轿子

"轿子"这种古老交通工具，现在坐过它的人，固然为数寥寥，就是偶或亮相，也不过是在电视、电影以及民俗文物展览场合惊鸿一瞥而已。

台湾光复之初，在高雄县美浓、广兴、南隆、龙山、旗山一带客家人聚族而居的地带，还可能看见乡间娶亲使用花轿。这种花轿，也不过是芦席编织，外加蓝红两色油漆，轿顶悬挂一块红绸子，就算是新娘子坐的喜轿了。虽然轿子简陋不堪，可是在麦浪翻风盈畴绿野中姗姗闪过，倒也别有一番古趣，可惜这种喜轿，现在在乡间也难得一见了。

说到喜轿，南方的轿型格局式样，跟北方就大有不同，南方的喜轿以宁波式的最为考究。轿子本身胶漆画镂技巧横出，宝盖珠幢琉璃耀彩，只可惜分量太重，轿夫又是些未经训练的笨汉，抬几步歇一歇，高声喝道此呼彼应，新人明珠翠羽地坐在轿子里，晕头涨脑，所受的罪可就有口难言了。北方的喜轿讲究大方高雅，不尚华丽，尤其北平的喜轿有两种不同的款式。一般老百姓用的喜轿，多半是大红绣花的轿围子，锡顶红绡，流苏四垂，更有在轿子四角，悬挂细巧鲜花彩球，踏步行来，香风四溢。官宦之家反而用的是大红细呢的花轿，轿子上虽无银饰彩，可是轿杆子漆得黑而且亮，交手缠缰鲜若丹砂，用一次换一次所以异常整洁。这种抬轿子的人，都是经过训练的高手，服装整齐划一，夏天头戴红缨子苇笠，冬季换戴冕冠高冠，冬夏一律蓝色驾衣白布挽手，黑色扎腿套裤，白袜子洒鞋，走起来步履齐一，稳练飘举，不到地头，只准换肩，不准落轿，新人坐在轿里，可比坐宁波花轿舒服清静多啦。可是有一桩，轿子里没有垂腿地方，上轿后都得盘腿而坐，幸亏北方人从小习惯在炕上盘腿操作，在花轿里盘腿而坐，似乎还不过分辛苦。可是南方小姐到北方出阁，让她盘腿坐花轿，一坐就是一两小时，喜轿到门，新娘子两腿酸麻下不了轿，那是常见的事，不算稀罕呢！

从南到北办喜事所用花轿，都是向喜轿铺租用的，据当年上海宁波同乡会会长乌崖琴说："有一位宁波同乡，是位暴发户出身，他的千金于归，他认为租赁的喜轿，嘉偶怨偶都坐过的不吉利，于是自己订制了一顶花轿。据说那顶花轿的造价，在当时可买一百亩地而有余，当然是彩错镂金，华缛复绝，没想到造好之后分量太重，八人大轿，加了一倍轿夫，才顺利完成嘉礼。喜事办完，他把这顶喜轿捐赠给宁波同乡会，以为办喜事的人家，必定是争相借用。可是搁置了半年从没有哪位同乡借来使用，后来细一研究，敢情谁也不愿多出一倍轿夫的力钱，后来只好当荒货卖给捡破烂的了。"

官　轿　就是所谓"八抬大轿"，顾名思义，抬轿子的一定是八个人了。依照清朝定制，每晨朝参，武官骑马，文官坐轿，到了同光年间有了玻璃篷马车，大家为了舒服快捷，都改乘马车。同时因为官轿用的人多，开销太大，有的人改乘骡车，所以到了光绪末年，乘坐官轿上朝拜客的已经不多见了。早先按品级有绿呢官轿、蓝呢官轿之分的，就轿子尺寸来说，是绿大蓝小，方檐圆顶，窗牖明敞，倒也崇隆严丽。走起来虽然四平八稳，可是速度太慢，随着时代进步，当然渐渐归于淘汰。

小　轿　清朝因为天街御路漫长绵邈，朝廷

195

顾念勋臣耆旧，赏赐穿朝马以供朝参乘骑，可是南人未习弓马，不谙乘骑，于是赏坐小轿。这种小轿非常轻便，如同安乐椅加脚凳子而已，照例应当由四名小太监抬扶而行，可是实际都是由苏拉们代劳，小太监们只是在两旁随行照顾而已。这种小轿仅在东华门神武门行走，所以外间是难得一见的。有些朴实的京官，最怕赏乘小轿，三节给太监苏拉的赏赐，少了拿不出手，多了又负担不起，实在令人作难呢。

神　轿　这种轿子是专供神像出巡乘坐的，北方只有东岳庙、城隍庙备东岳大帝、城隍老爷出巡专用，比起台湾各庙宇的神像如关圣帝君、上天圣母、玄天上帝、东岳大帝、霞海城隍都要巡行全域保境安民，所以台湾省神的轿，比起别的省份的来，恐怕要多出若干倍。至于神轿，因为神像法身比常人雄伟健硕，所以尺寸也比一般轿子要宽大宏敞。

不但窗牖四启而且要镂空实花，斑龙九色，轿内更是铺锦列绣，彩牒玎珰，既壮威仪，更引善信瞻礼。神轿有别于一般轿子的是重檐四垂，堞栏出底，这些地方现在一般人已经不太注意，其实人轿跟神轿，是大有不同一望而知，是不容随便混淆的。

骡驼轿 这种轿子在飞机火车未设站通行之前，是旅行西北荒凉沙漠地带的一种主要交通工具，现在是早已绝迹了。由骡马驾辕走起来，踱步安详，坐在轿里毫无颠簸抖颤之苦，而且可以垂膝伸腿，当年先伯祖文贞公远赴乌里雅苏台任所，出了玉门关，大半旅程，都是乘坐骡驼轿。有些重要奏折就是在骡驼轿珊珊其行中亲笔写的，奏折的字要匀直细密，俗称一炷香，不是轿行平稳，是没法落笔自如的。西北气候昼热夜寒，有时遇到龙卷风，人畜都要蜷伏偃卧，等狂风过去，才能再上征途，加上草十八站水源稀少，能有骆驼轿坐，算是最舒适豪华的交通工具啦。

领魂轿　北平有钱人家出殡执事中有所谓领魂轿者，也是四人抬，锡顶素围，庄严肃穆。跟一般轿子不同的地方是轿子两旁方窗，不用玻璃而用实地纱，据说用纱窗，是鬼可窥人，人不能见鬼，而且便于魂灵出入的。虽然迷信无稽，可是杠房供应丧家的领魂轿，两边窗户一律都用玄色实地纱那是一点儿也不假的。这种轿子向不坐人，传说有一家大宅门，户主病故，灵未出堂执事摆了满街。有个轿夫，耍钱熬了一夜，躲在轿子里打盹，不料就此一瞑不视，所以后来抬轿子的，谁也不敢在领魂轿里睡觉。虽是鬼话连篇，可是言之凿凿，令人疑信参半。在南方大出丧，仪仗中也有一顶轿子，不叫领魂轿而叫"旌忠轿"，记得当年李仲轩（经羲）病故后，在上海大出丧，他生前在清朝曾经开府西南，到了民国又担任过十八天的国务总理，所以他故后逊清、北洋都有恤典封赠。大出丧时由旌表领先开路，紧跟着就是旌忠轿，所有褒忠状表，要由一位未婚少男双手持着坐在轿里，送到营奠场所。当时笔者正在上海，所以这个差事就由在下承当了。这种八抬大轿固然是豁亮宽敞，走起来平稳不颤，可是从新重庆路到虹桥，走走停停足足磨蹭了四小时，可把人急坏啦。这种旌忠轿在北方出殡，还没有谁家用过。

爬山轿　这种轿子轿杆子奇短，轿型取其轻便，也特别简陋，可是每顶轿子要用五个人，轿子虽然二人抬，可是抬上半小时就要大换班，旁边还有一个瞭高的，为的是山路崎岖险巇，有人从旁帮衬，以策安全。到戒台寺、潭柘寺礼佛歇夏，上年纪的人多半要坐爬山轿，到妙峰山进香，要走一瞪眼、两瞪眼、鬼见愁几处岩崖峭竖的山路，转折参差又多，轿杆子特短，所以才有"山兜子"别名。不过顶上支有单层布料篷子，可以遮阳避日，尤其妙峰山高岩四合，连峰鼎峙，都可以尽情瞻眺。风景之美，比起花莲燕子口的风景，还是嵯峨壮丽呢！

民国十四五年，江浙一带轿子已不常见，可是我每年总要去镇江、南通公干一两次，从镇江火车站经过京畿岭，坡峻岭长，黄包车上坡挽曳吃力，下坡人车悬空迅若奔马，稍一不慎，小则车打天秤，重则人仰车翻，坐在车上真是提心吊胆。所以每次一出火车站只要有轿子接客，我必舍车而轿。轿子扎竹而成，布幛芦屏轻巧舒适，上坡固然不甚吃力，下坡急走亦不担心，一直到无人问津轿子绝迹，改坐汽车之后，才不致视京畿岭为畏途。凡是到过四川的人大概都坐过滑竿，所谓"滑竿"实际也是二人小轿，不过抬滑竿儿的人，老手新手差别很大，老于坐滑竿的人，坐定之后走不了几步就能感觉出来抬滑竿的火候了。一般滑竿都很简单实际，就是小圆椅，我友相倬兄说："我坐过一次最豪华的滑竿，座椅靠垫都装有弹簧，扶手也是软绵绵的，坐在上面如安坐上等沙发上。"据说那副滑竿，是合川一位袍哥老大私人所有，抬滑竿儿的奉命送客，回程放空，我们相兄碰巧赶上开了一次坐豪华滑竿的洋荤。

抗战之前到苏州逛天平山，也有一种轿子可坐，形式大小，跟一般山轿大同小异，只是轿夫由健硕的男儿，改为妙龄秀发的少女而已。有一次笔者同李榴孙、竺孙昆季，周涤垠游完太湖，又到苏州天平山看枫叶，一行四人雇了四乘山轿，周涤垠体重逾七十公斤，偏偏抬轿子的有一人是出道未久姣柔细婴的少女，山程未半，她已慵喘咻咻。我们看她辛苦吃力，于是竺孙跟涤垠换轿而坐。那个娇柔少女，名叫三团，她自从换了较轻工作，精神大振，一路上指点山林言笑无忌，在回程时候，竺孙年少好弄，让轿子倒抬，可以面对面言笑晏晏，清兴不竭。那趟倒抬山轿逛天平山看枫叶情景，历久不忘，算是坐轿子绝妙的一段趣事了。现在坐轿子，已成历史陈迹，就是随便聊聊，也等于白头宫女说天宝遗事了。

北平的人力车

提起北平的人力车，话可长啦，最早北平人叫它"东洋车"，天津人叫它"胶皮"，上海人叫它"黄包车"，后来北平人把东字取消，干脆就叫"洋车"了。

人力车问世之初，没有打气轮胎，而是硬胶带卡在车圈上的，所以天津人一直叫它胶皮。早年先叔在世的时候，在清史馆供职。从舍下到设在天安门左首的太庙，一直都是平坦的大马路。家里虽然有敞篷和玻璃篷马车各一部，可是馆长赵次珊、总纂李新吾都是先祖光绪九年（1883）癸未科同年，每天都是坐马车来馆，如果他自己也坐马车到值，怕人家说少不更事，迹近浮夸，所以包了一辆人力车上衙门。

当时人力车都是死胶皮，拉车的又年长了几岁，反而在馆里博得老牛破车的雅誉。先叔觉得以人力车代步，比起安步当车又高了一筹，何况清史馆是个冷衙门，早点晚点到值也没什么关系呢！

过了没几年，打气轮胎的人力车大行其道，大家都觉得人力车又经济又方便，拉车的又轻快省劲，于是马车渐渐被淘汰，由自用人力车取而代之啦。自用人力车可到制造厂订制，车身不用说，是漆得锃光瓦亮，车轮前辂，凿花电镀，车把后辖，起线包铜，轮圈钢轴擦得是一尘不染，四只车灯两长两短，要黄包车上所有饰件，一律黄铜煅烧，喜欢银白色的一律电镀，更显得干净洁亮。车簸箕安上双脚铃，车夫在前车把上一边是手铃，一边是四音喇叭。不用说自用车如此讲究，就是年轻小伙子拉散车也有这样捯饬的。有的人把自用车夫夏天穿上浅竹布镶黑白大云头号坎，冬天蓝布大红云头号衣，大褂棉袄一甩，让人一望而去是自用车，免得巡警找麻烦时摸不清底细。

夏天车上挂一块素色布挡，既避风沙，又免日晒；到了冬天，在零度以下气温，西北风刮过真像小刀子割耳削脸地疼，于是人力车都套上深蓝或深黑实衲的棉篷子起来。拉车的甩下大棉袄，往脚下一围，车帘子扣得严丝合缝，寒意全蠲。当年地质学者李仲揆（四光），在北平因为工作过分劳瘁一度失眠，冬季他就天天出门听夜戏，散戏之后，坐有棉篷子的人力车回家。车一晃荡，就引起他的睡意，一觉酣然，他的失眠症居然不药而愈。还有一位摩登诗人林庚白，在北平住在泝水河，他每天应酬甚多，微醺之后，诗兴起来，每得佳句，酒醒即忘。他的包月车，车篷上装有一只电石灯，随时记录，他说他诗词佳句，十之八九，是得自车上。北平舍下大门正对一座磨砖大影壁墙，因对面是马圈，尽量推展，所以门前显得特别宽敞，加上两旁重阴匝地，修柯戛云，半人高石灰树圈子，是藏茶具的好地方，左右上马石，是杀一盘车马炮的棋架子。舍下人口众多，人来客往，成了无形的车口儿啦。

先君的乳母，我们尊称"嬷嬷奶"，为人慈慧温良，胸怀夷坦，西城贫苦大众都叫她杨善人，凡是拉车的想拴个车（买辆新车叫"拴个车"）、沿街叫卖的小贩亏了本，如果真有急用，找到她，只要她老人家手头松活，无不尽力帮忙。卖黄鱼、糖三角儿的是她的干儿子，卖炸糕、打小鼓儿的也叫她干妈，门口那帮拉散车的十之八九都管她叫好听的。杨老太太出大门，一迈门槛，大家都抢过来拉，杨老太太坐车从不讲价，有时身上不方便并不给钱，可是这般苦哈哈儿们，谁有了难处，杨老太太总是倾囊相助，给他们解决问题。这帮拉车的非常讲义气，杨嬷奶在北平病故，真有不少不认识的人来给她穿孝袍子送葬，足证他们的干妈干姥姥没白疼他们。

我学校毕业，第一次担任公职，是在经界局补了一个主事，位卑职小，如果天天坐着自用马车上下班，觉得挺别扭，于是也弄了一辆人力车代步，拉车的人选可麻烦啦。门口拉散车的有"麻陈""小回子""贾老虎""小辫儿"，几个人都是拉车里一等一的好手，快而且稳，一些拉车的在街上拉着座儿看见是他们哥几个，就没有人敢跟他们赛车的。

有一天我在珠市口开明戏院，听完梅兰芳的《贞娥刺虎》散戏出来，一上车就有两辆各有四只电石灯自用车，把我的车夹在中间较起劲儿来。给我拉车的叫小回子，牛高马大，两腿快似追风，长劲十足，能够从西直门一口气跑到颐和园，而且从不服输。现在既然有人跟他较劲，他自然求之不得，一过珠市口，我才看清车上两位靓装桑丽的美

207

妇，敢情是花国四大金刚的"忆君""惜君"姊妹，我想她们一定走胭脂胡同回蔚花馆。谁知这两辆车一直跟着进和平门，走到长安街天街人静，小回子一使劲，可就把她们抛到后头了，一直到西单北大街舍饭寺，她们去花园饭店才分手。过没几天大律师王劲闻在蔚花馆请客，忆君告诉我说，她们两个车夫耿大、耿二是南城双杰，我的车夫小回子是西城一霸，不打不相识，他们反而拜把子成了把兄弟了。想不到赛车还赛出这么多事故由儿出来呢！

民国十六年我到上海，住在舍亲李府，他们拨了一部汽车给我代步，我要求他家人力车借给我用。谁知上海自用车跟街车最大不同，一个是方车厢，一个是圆车厢，自用车跑起来颤车把，在北方只有花姑娘的自用车是这样抖法，想不到上海自用车跑起来全是这副德行，我实在吃不消，又改坐汽车。

我有事去苏北，经过镇江，一出火车站

就坐上人力车，谁知经过京畿岭下一个很长的陡坡，拉车的偷懒，他一扬车把，两脚腾空，顺流而下。幸亏车后有一个铁镟子把车挡住，否则非闹个人仰车翻不可。所以后来在镇江凡是经过京畿岭，我宁可坐蜗行牛步的轿子，也不坐人力车了。

苏北的扬州，人一谈起来总说"上有天堂，下有苏杭"，"腰缠十万贯，骑鹤下扬州"，把个苏杭、扬州说得天花乱坠。其实这些地方，街道之湫隘，实在出乎想象。路面都是石板砌起来的，永远是湿漉漉一踩一出水，最宽的马路，也不过仅容一辆吉普、一辆人力车擦肩而过，时常有惊心场面出现。所以到了这些地方，我是宁可安步当车，也不愿坐车。

到了河南省的开封郑州一带，人力车车把也装上一个布篷子，虽然跑来有点兜风，可是拉车免于再直花花地晒，颇为合乎人道主义，而且黄河两岸土厚沙多，太阳晒在沙土上散热不易，有个布篷遮阴，的确可以减少骄阳灼肤的痛楚。

民国三十五六年初到台湾，台北市还有不少人力车，轮圈大，座位高，每次下车把脚总是蹲一下，等后来习惯了，人力车也取消了。

抗战之前，中国各省都有人力车，形形色色各有优劣，不过仔细衡量一下，北平的人力车还是最令人怀念的。

人力车与三轮车的沧桑

　　远在六十多年前，北平就有人力车了。记得笔者龆龄时期，先叔每天到清史馆办公（设在天安门左侧太庙里），家里虽然有玻璃篷的马车，可是因为位卑职小，坐着马车早晚趋公，怕人说招摇，于是包了一辆人力车上衙门。最初北平的人力车车轮子是铁轮圈嵌上死胶皮，轮上别无什么黄铜白铜雕纹刻镂、凿绩剔抉的漂亮饰件，顶多车的两旁各挂一把掸尘用的红绿绸子车掸子，就算很堂皇气派了。

　　死胶皮拉起来滑动力差，跑长了当然不如后来打气轮胎来得快，当时家舍下人等都

211

管这辆古董式的人力车叫老牛破车，家里人有点儿事上街，宁可步碾儿（北平人用腿走路叫"步碾儿"），谁也不愿图省力坐这辆人力车。这下可好啦，这辆车除了先叔上下衙门，车夫在家里算是全家大闲人一个了。

同是人力车，平津宁沪可是叫法名称不同。北平叫洋车，天津叫胶皮，上海叫黄包车，南京人尾音多个"儿"字，叫黄包车儿。虽然宁沪仅"儿"字一字之差，可是宁沪土话有别，也显得大不相同啦。后来人力车随着时代进步，由死轮胎演变为内胎外胎。自从人力车改成打气的轮胎后，平津两地的人力车改进最快，除了车篷、车身、车把、车头，尽可能增添黄白铜电镀饰件外，一般坐车阔少名花自用包车踵事增华，车的左手边装上一只跟当时汽车音响相同的大喇叭，右手边再装上一具四音的小风笛，脚踩一对双脚铃。拉车的更神气，左右车把各安一具音响，随时警告行人靠边。车的两边，一边是手铃，一边是皮喇叭，跟人赛起车来，风驰电掣，声势赫赫，十分惊人。

后来北平花国名姬中，有一最爱炫奇夸异的小凌波，她把车上电石灯由两盏增为四盏，车辆过处，恍如一条火龙。于是北平有几个败家子阔少爷，车扶手愣加上一对铜叉子，再插上一对小巧电石灯。一车六灯还能不亮吗？车上没得可捯饬（北平话，修饰的意思），脑筋转到拉车的身上，自用车夫换上淡青竹布镶白色宽边大云头的裤褂，或是深蓝布镶大红边的，有的人在扶手车镫四角钉上一个布挡，颜色花样就悉听尊便了。记得当年斌庆社科班出身的小奎官又叫殷斌奎，他的车挡上绣有"殷斌奎"斗大黑绒楷书，真能让行人老远就侧目避道啦。

天津自用人力车也跟北平的自用车相仿佛，同样干净漂亮，可是一般拉散车的就不一样了。一般散车车身宽而见方，好像与津沪人力车式样大致相同。因为津沪都有租界地关系，车厢后头都挂满了不同租界的牌照，牌照齐全的可以越界而行，否则英国租界的牌照，越界到法国租界，就要受罚，只好到分界点，让客人换车啦。

南京的人力车最可怜，因为地区辽阔，从大行宫到夫子庙，漫漫长途，吭哧吭哧要跑上好半天才能到达，连坐车的都有点儿于心不忍。同时各街口又有垃圾马车沿途兜揽客人——抢生意，所以南京的人力车算是最吃力的行当了。上海的自用人力车形式跟平津又不一样了，车座子圆形，车把特短，车垫子有的装弹簧，拉车的似乎受过特别训练，跑起来故意颤动车把，坐车人好像被人摇煤球，非常难受。

笔者初次到上海，住在舍亲李府，他们拨了一辆自用车给我外出代步。拉车的叫"阿四"，跑快了连颤带晃，我在车里非常不习惯，偷偷地问过阿四何必如此颤巍巍地摇动。据他说，上海绅商巨室、北里名花，所有自用包车，都是这样的拉法，这样才够气派。请他免去抖颤后，他也觉得省力多了。

民国十六年，江苏省省会镇江代步工具，新旧都有，有二人抬的轿子，也有人力车。从火车站到市内要经过的京畿岭，是一个漫长的高坡，下坡时车夫两手紧握车簸箕下面的两只车撑子，让车的轴轮当中心支柱，车夫乘客两俱悬空，迅若奔马，直冲而下。车夫双脚就像蜻蜓点水，每隔三五丈远才点地一下，以便减缓速度，调整方向。这种凌虚御风、悬泉飞瀑的滋味，一个控制不住，不是人仰马翻，就是上不着天，下不着地，高打天秤。走过京畿岭的人数也许不太多，可是抗战时期，凡是初到重庆，经过朝天门坐过黄包车上坡下坡的人，总都尝过那种惊涛骇浪的滋味吧！

抗战之前，有一年夏天，笔者有一次到郑州去，一下火车，站前整整齐齐排列有十多辆人力车，从车身到车把，上面都撑着一节挺干净的白布篷子，乘客车夫都在布阴之下免受炎炎夏日晃眼灼肤之苦。这种办法的确法良意善，可是别的地区过分保守，没有依法仿制，太可惜了。

台湾在光复初期，市面上仍然可以看得到巨轮、高脚、短把的人力车，这种车形跟在电影画面里所看到当年日本的东洋车一模一样。老友庄主传在接收当时，就坐这样的人力车上下班。有一天我因事急于外出洽公，庄老一定要我坐他的人力车出去，在情不可却的情形之下，只好一试。哪知车到地头，因为车镫子离地太高，下车时脚一踩地，把脚腕子重重地蹾一下，害得我几天走路都不方便，从此再也不敢坐这种中古式东洋车啦。

抗战之前，名摄影家张之达兄在北平东安市场开了一家明明摄影社，正在生意鼎盛的时候，忽然心血来潮，研究起制造三轮车来了。第一辆三轮车出厂，不但金钩鞥带闪烁耀彩，就是飞轮刹车也都动定灵活，一定要我把这第一辆三轮车留下，给他宣传。当时笔者住在西城，办公地点在北城，早晚趋公，必须经过文津街的金鳌玉蛛桥。桥虽不算峭峻高耸，可是坡高渊邈，车身又重，登未及半，劲力已衰，车夫要下车推挽，才能安然过桥。在此情形之下，他只好拿回去重新研究改造了。

经过几年的苦心精研，居然让他研究成功，减低车身重量，踏车过桥。可是市面上，各式各样的三轮车大量陆续出笼，有的车夫在前，有的车夫在后，因为这种车夫在后类型的三轮车很像昔年羽扇纶巾武乡侯的四轮车，大家都管它叫"孔明车"。好处是前面没有屏蔽挡头，得瞧得看，跟车夫说话也方便，车夫汗流浃背，不至于汗水乱飞溅及乘客。坏处是如果发生车祸，乘客可是首当其冲。为着交通安全着想，这种车辆不久就首遭淘汰了。跟着又有人发明一种双飞燕三轮车，乘客与蹬三轮者并排而坐，既不妨碍视线，又便与车夫交谈；可是也有一桩缺点，就是重心偏左容易翻车，既欠安全，久而久之，也被淘汰。

台湾的三轮车，在起初虽然算是新兴物事，可是车座子跟东洋车一样，依然是方形。另一件特别事物，在大陆不管是拉洋车，或是蹬三轮的，除非逼不得已才肯把车篷子支起。因为一支车篷子，蹬起来兜风太费力气。台湾可好，不论晴雨，那张又破又脏的车篷，永远是支起来不放下来，而且用宽橡皮带绑得死死的，想放下来都办不到，一定让他放下车篷，他们还挺不高兴呢！

现在台北、台中、高雄等几个大城市的三轮车，早几年就经当局全部收购辅导就业，分别改行，三轮车在市面上已经全部绝迹了。现在只有东部南部几个县市仍有少数三轮车在大街小巷行驶，这些县市的计程车大半是不用码表不计程收费，一上车就是三十元，若是路远就听凭计程车司机说多少算多少了。

因此外来旅客不明究竟，时常吵到派出所解决纠纷，给警察人员增加了无限麻烦。所以每次只要地方政府一声明要取缔三轮车，蹬三轮的固然是命脉所系誓死力争，就是一般市民内心也未见得全都赞成这种举措。因为不计程收费的计程车一时没有办法让它改善，一上车就是三十元，比三轮车贵了一倍，当然拥护三轮车暂缓取缔照常行驶啦。

其实说真格的，有些县市乡镇路面够宽，车辆不多，只要把三轮车上的电动马达取缔拆除以策安全，减少噪音，就成啦。主要的是先把计程汽车整理得能够遵照政府规定计程收费，然后禁绝三轮车也还不迟呀！又何必急惊风似的先取缔三轮车呢。

前年笔者到港泰观光，泰京曼谷车辆拥挤情形，比台北还要严重，除了耀华力路、石龙路一带有一种机器三轮车（可坐三四人）短程行驶外，人力三轮车一辆也看不见了。可是到了曼谷以外的各县市游览，各地十字路口一辆一辆的人力三轮车，总是三五成群等候乘客，每辆车上的饰件都是电镀铜活灿烂悦目，既干净又漂亮。问问当地住民，他们也认为三轮车行驶短程，价廉方便，现在正在节约能源，短期内泰国政府大概暂时是不会加以取缔的。

到香港观光，在香港九龙码头，看到违别久矣的黄包车，跟当年上海的黄包车大致相同，不过车身的油漆比较鲜艳点而已。港九的黄包车乘客，多半是外地来的各国碧眼黄发旅客，好奇开洋荤而乘坐，外来的中国人看见久违的黄包车，似乎都投以迷惘亲切的眼光。现在台湾人力车固然绝迹，于今就是三轮车也被人目为落伍的交通工具，接近全部淘汰的边缘。料想再过十年八年后，下一代要看稀稀海儿的人力车，只有到港九去开开眼界了。六七十年光景，人力车、三轮车，全都由辉煌灿烂而归于淘汰消失，回想起来，如何不令人有沧桑之感呀！

北平书摊儿

　　在北平，读书人闲来无事最好的消遣是逛厂甸遛书摊。厂甸在和平门外，元明时代叫海王村，清初工部所属的琉璃窑设在该处，所以改名琉璃厂。从厂东到厂西门，街长二里，廛市林立，南北皆同。这些店铺以古玩、字画、纸张、书籍、碑帖为正宗，从有清一代到民国抗战之前，都是文人墨客访古寻碑、看书买画的好去处。每年从农历正月初一起，经市公所核准列市半个月。海王村里是儿童耍货，所谓琉璃喇叭、糖葫芦、大沙雁，各种吃食如凉糕、蜂糕、炸糕、驴打滚、艾窝窝、豆汁、灌肠，小贩仿佛各有贩地，年年在原地设摊。居中是几家高搭板台的茶座，居高临下得瞧得看，既喝茶，又歇腿。村里边边牙牙地区，就是些像荒货，又像破烂古玩摊了。海王村外书摊大摆长龙，有些书店在自己门前设摊营业，有的是别处书商赶来凑热闹的，大致可分木版书、洋装书两类，还有卖杂志、旧画报的。吴雷川先生在这种书报摊上，买过八十八本全套的国学萃编；丰子恺收藏《点石斋画报》，就是遛这种书摊补齐的。

好的宋元明清版本精镂的古籍，书店恐怕放在外面被风吹日晒，纸张变脆变黄，多半把书名作者，写在纸条上，夹在别的书里。纸条垂下来，给买书者看，如果中意，摊上招呼客人的伙计，就把客人引进店里来了。

琉璃厂专卖讲究版本的书叫旧书铺，最有名、存书最多的有翰文斋、来薰阁、二酉堂、经香阁、汲古山房几家。他们书的来源，多半是由破落户的旧家整批买进来的，这一拨书里可能有海内孤本，也可能有鼓儿词、劝善文，有的到手就能很快卖出去，有的压上三年五载也没有人过问；年深日久，一家大书铺的存书，甚至于比一个图书馆还多还齐全。旧书铺的服务，有些地方，比图书馆还周到，北平之所以被称为中国文化中心，由北平旧书铺，就可以看出一些端倪了。

旧书铺里，总有两间窗明几净的屋子，摆着几张书案长桌，凡是进来看书的人，有柜上的徒弟或伙友伺候着，想看什么书，告诉他们，一会儿就给您拿来；如果参考版本，他可以把这本书不同版本，凡是本铺有的，全都一函一函地拿出来，任您查对；有的资深伙友，告诉他要找什么资料，他们还可以一页一页地给您翻查，如果有些书客人想看，而本书铺恰巧没有，他们知道哪一家有，可以借来给您看。请想想，这种方便，不管是哪家图书馆，不论公私都办不到吧！

看书时，抽烟柜上有旱烟、水烟，喝茶

有小叶香片、祁门红茶；如果客人想吃什么点心，客人掏钱，小徒弟可以跑腿代买，假如您跟柜上有过交往，由柜上招待，也是常有的事。不但此也，您跟书店相熟之后，酷暑严寒您懒得出门，可以写个便条派人给书铺送去，柜上很快就找出送到府上；放上十天半个月，您买下固然好，不买也没关系，还给他就是了。这就是北平书铺可爱之处。像南京夫子庙左近也有不少书店，您要看了半天不买，他们绕着弯俏皮您几句损人的话，能把您鼻子气歪啦！

清光绪年间所谓清流派如张之洞、洪钧、王仁堪、潘祖荫、文廷式、盛昱、黄体芳、梁鼎芬、于式枚都是琉璃厂书铺的常客，既可多看自己手边没有的书，又可以以文会友；时常有许多朋友不期而遇，凑在一块儿研究学问，或是聊聊天。张香涛就是主张多往书铺看书的，他有两部专讲目录学的书，初稿就是在二酉堂写出来的。翰文斋的掌柜韩克庵，大家都叫他老韩，他对于目录学、金石学，精心汲古，搜隐阐微，能令舒铁云、王懿荣他们佩服得五体投地。

民国初年先母舅李锡侯在琉璃厂西门，把先外祖鹤年公累世收藏的古籍、金石整理陈售，开了一家汲古山房。陈师曾、樊云门、傅藏园、沈尹默、瑞景苏、柯劭忞，都是汲古山房常客。当时我想收集名贤书画扇面一百把，半年之间不但收集齐全，而且都配好各式各样扇骨子，由此可见汲古山房当年人文荟萃、朋从之盛了。

初来台湾时，台北福州街、厦门街之间，还有几家书摊铺可逛，现在如果发现那儿有一套或几本线装书，简直有如沙中淘金，掘到宝藏了。来到台湾，令人念念不忘的，就是旧书摊了。

肥得籽儿、刨花、皂荚

　　从前北平孤苦无依的老太婆，有一项独门生意叫"换肥得籽儿"，后来肥得籽儿受时代的演变，没人用了，于是又兼换取灯儿（北平人管火柴叫"取灯儿"），所以又叫"换取灯儿的"，这种营生本小利薄，穿街过巷负荷不重，因此成了贫苦年老的妇道人家的专业，年轻力壮的人，是不屑一顾的。她们下街串胡同的时候，身后背着一个篾皮筐子，吆喝一声换取灯儿、换肥得籽儿，谁家有废纸、碎布、玻璃瓶子、洋铁罐儿，她们都可以接受，换些肥得籽儿或是丹凤牌红头火柴。据闻她们到丹华火柴公司批买火柴以红头为限，每个月可买四百小盒，厂方只收厂盘的半价，这无非是公司体恤孤苦的善举，所以她们只能换红头丹凤，而不能换黑头的保险火柴。一般铺户住户也都本着惜老怜贫的宗旨，你说换多少就换多少，很少有人跟这班苦哈哈斤斤较量的。

说到肥得籽儿，因为在大陆已经若干年没人使用了，所以年轻一点的朋友，多数没见过，可能还没听说过呢，可是据我想从大陆来台梨园行管梳头桌的师傅们，对于肥得籽儿，一定不会陌生吧！因为当年在大陆占行贴片子，要用肥得籽儿泡出来黏液，把片子浸润得服帖了才能往前额跟两鬓上贴。现在京剧用什么贴片子，虽然不得而知，可是提起肥得籽儿，多少总还有点印象吧！刨花，也是当年妇女们梳头所离不开的东西，北方的木匠虽然在木头刨光时也是刨出一堆一堆的刨花出来，但据说北方刨花黏度不够，因此一般妇女都喜欢苏常一带的刨花。因为南方刨花黏度高，如果掺点冰片末并且不容易发臭，早年在沪宁苏杭各处这种刨花到处有售，北方妇女则只好求诸南菜担子了。所谓南菜担子，也是比较特殊的一种独资生意，做这种行当的，大半都是沪杭一带的人，一副竹篾编成打光上漆的担子，所带的东西，可以说包罗万象。穿的有香云纱、荔枝绸、湖绉、杭纺，化妆品有扬州鸭蛋粉、苏州板胭脂、桂花梳头油、冰片痱子粉、苏锡常昆的正庄刨花，还有真丝缠裹的粉红的粉扑、大小成套的黄杨木梳、宽窄疏密不同的篦子，这些都是北方买不到的兰闺奁具。

谈到小吃零食花样就多了，什么杭州榧子，广州去皮甜咸橄榄、桂园荔枝、糟蛋、风鱼、扁尖、淡菜、黄泥螺、醉蚶子，还有大量的梅干菜、云南大头菜、晒好的笋豆萝卜干。他们都是遵海而北在天津下船到北平之后，多半住在小旅馆，有的交游广泛，甚至跟大公馆的门房，打个商量，就在熟识大公馆的门房寻休了（北平话，借住的意思）。有人说这帮人一年也有几次搭南洋班的轮船到广州去，那时南货担子就变成北货担子了，什么大小八件的点心、各式各样的干果蜜饯、北平绢花绒花、骨头簪子，都是岭南最受欢迎的东西。据说当年粤剧名伶薛觉先就是喜欢用肥得籽儿，而不爱用刨花，说是肥得籽儿干了，点上一点水，既不咬肉，又显清凉，如果刨花蘸水鬟松鬓斜，又要重新整妆了。事实是否果真如此，虽不可尽信，可是老一辈粤伶都知道托北货担子，带几包肥得籽儿，那是一点也不假的。

"皂荚"这个名词，知道的已经不多，用过的恐怕更少了。笔者小时候，看见过皂荚，也知道用法，可是就没有拿皂荚当肥皂用过。胜利还都，我到第二故乡的江苏泰县去了一趟，我住在北门外西浦，隔邻就是一家叫"饮香"的大澡堂子。按泰县一般人的习惯，澡堂子多半下午一点开汤，可是洗澡的人要过四点钟才陆续而来，越晚客越多，说气元了洗澡才不伤气。所以我每天一两点钟去洗澡，近乎包堂，除了孤家寡人之外，几乎别无外卖。小老板陈四小最喜欢听点北平上海的新鲜事儿，所以我一来，他就过来招呼做活儿。有一天我问他，你们这里有没有皂荚，他一会儿工夫挑了四五个来立刻打碎，泡上凉水，等我下池，他就用皂荚水给我擦背，滑爽温润，洗完用水一冲，比起一般香肥皂洗澡，舒畅明快多啦。四小说皂荚在苏北一带，随处都有，树高三四丈，树干耸直，擢颖挺挺，可做细巧茇具，不生虫蛀。叶子复羽双叠，夏开黄色或白色小花，可驱蚊蚋。结实成荚，长扁像刀，开白色小花的一种结荚比黄色的肥硕短厚，苏北人叫它"肥皂荚子"，不但除垢下泥快，而且可以预防皮肤敏感。所说如此，是否有效，就不得而知了。笔者初到台湾看到凤凰木花落结荚，跟皂荚极为相似，不知道晒干之后，是不是也有皂荚的效用。前几年有一位朋友翻箱底，找出几块北平"花汉冲"（胭脂花粉店）出品的"鹅油引见胰子"，都干得皱皱了，被一位皮肤专科医生看见，拿去一化验，据说内容都是些润肤养颜成分，比现在的高贵保护皮肤化妆品并不差。料想用皂荚洗身，洗后浑身轻快爽洁，比用药水肥皂洗澡还舒服，大概对皮肤也有好处呢！可惜没经过正式化验罢了。

摇煤球烧热炕

去年十一月二十八九号,"盖仙"夏元瑜教授发表了一篇《红学盖论》,仙心禅理,妙过通玄,令人拜服。据称他的行当是爬行,此行向所未闻,乍听之下亦惊亦喜,惊的是在下对于红学一窍不通,乃蒙雪芹前辈的青睐,喜的是仙缘深厚老友提携,愣拉小卒子过河挨上一角,仙缘稍纵即逝,赶紧来一段北方的摇煤球热炕,来凑凑热闹捧捧场,免得"盖仙"笑我笔头子太懒吧![1]

---

[1] 夏元瑜《医后语》见附录。

白炉子和"小胖小子"

　　大陆有句俗语说："霜降见冰碴儿。"一进十月，古城北京寒意已浓，清早盥洗，用凉水漱口就觉着有点冰牙根，在院里练套八段锦，呼吸之间已经有薄薄的"哈气"。依照清朝定制，十月初一生火炉，要到第二年二月初一撤火，霜降之后小雪以前，家家忙着撕下窗户上的冷布或珍珠罗，糊上高丽纸，风门加上蹦弓，房门换上棉门帘，煤屋子（北京中上人家有堆煤的屋子叫"煤屋子"）早就堆满了红煤、块煤，大小煤球。大陆北方大都市的住家，都是以煤为主要燃料，红煤来自山西，摇煤球的煤末子，则来自离北京不远的门头沟，至于劈柴木炭用途极少，不过是引火之物罢了。

　　北京大街小巷都有煤铺，屋子虽小，院子可得宽绰，煤末子堆积如山，还得有空地堆黄土、摇煤球、堆煤球、晒煤球（好在早年北京土地不十分值钱，要在台湾谁也开不起煤铺）。铺子院墙总是垩得粉白，写上"乌金墨玉"四个正楷大字，一个个赛包公似李逵的煤黑子忙出忙进，您到煤铺子叫煤球就如同到了非洲一样。

北京一些殷实住家，嫌煤铺的现成煤球土多煤少火头不旺，如果家里有偏院跨院，都喜欢到煤栈或是叫专门跑门头沟拉骆驼的运煤贩子，卸几车或几把骆驼（骆驼七只叫"一把"）的煤末子，倒在院子里，自然就有摇煤球的工人上门来兜生意了。虽然摇煤球不需要什么特别手艺，只要一把铁耙，一只钢铲，一个柳条编的方眼大簸箩就够了，可是摇煤球的不是定兴就是涞水老乡，很少有别的县份人干这个行当的。他们摇好煤球管晒干，管往煤屋子里堆，遇上天阴如墨，眼看要下雨，他们会让主人预备芦席油布，负责给煤球盖上。摇一次煤球，这一冬取暖的大小煤球炉子以及厨房的大灶都不怕没有煤烧了。

这种取暖的煤球炉子，北京人叫它"白炉子"，是专门手艺，材料是以斋堂（地名）产的白灰加细麻刀打磨而成。最有名一家铺子叫庞公道，二三十个大小工，有整年做不完的生意。北京不但住家用的白炉子都向他家买，就是饽饽铺的大烘炉，粥铺吊炉烧饼的吊炉也是庞公道独家生意。

取暖的白炉子分特、大、中、小四号，气派宅邸，钱庄票号屋宇深邃，用的都是特号大白炉子，外罩紫铜或白铜擦得锃光瓦亮的炉架子，不但钳、拨、通条齐全，就是砖磨的支炉碗儿，铁打的盖火也都一样不缺。放在炉盘子里，头二、三号的炉子，就要看屋子高矮大小调配啦。

还有一种炉边窄、炉身矮，肥而且胖的小煤球炉子，北京人叫它"小胖小子"，炉架底下装四个轮子，是专为堆在炕洞里烧炕用的。

驱霉却湿之外，使得水仙腊梅都早着花

炕字有两个写法："炕"跟"匟"。生火的是炕，不生火的是匟，南方都睡床，对北方人睡的炕或匟是不十分清楚的。

北方的大宅子都有一定的格局，不管是五开间、七开间，或是九开间，正中那间必定有一座四扇油绿屏门通往后进，平日门虽设而常关，遇有婚丧喜庆大典，才正式开启。平日在屏门之前，安放一张匟床，匟上有匟桌，桌后放一小条桌，多半是安放一柄带玻璃罩的三镶玉如意，或是一对瓷帽筒。左右各设长靠枕厚坐褥一对，冬天加皮褥子，夏天换草席子。匟前左右还各放一只脚踏床，脚踏床中间，还要放上一对高腰云白铜的痰盂，是给来客痰嗽磕烟灰准备的。上宾生客都要请坐床匟奉烟敬茶，至于熟不拘礼的朋友才任便散坐呢！

北京最款式的王公宅邸，在四围走廊底

下都是中空，有如现在的地下室，上房走廊
左右各砌个炉炕，实际地下是一条四通八达
的地道。由正房通到套间东西厢房，炉炕上
覆木板，掀开木板，可以循阶而下。正房两
边各砌有一座或数座烧煤球的火池子，烧起
煤球后，正房、套房、东西厢房都感觉到温
暖如春，烧一次煤球，除了驱霉却湿，还能
暖和上十天半个月之久。凛冽的严冬烧个三
两次，就可以熬过最冷的三九天啦。放在屋
里的香橼、佛手、水仙、腊梅，均能提早着
花，比放在花厂子里的暖洞里，还开得茁盛。
不过烧一次地炉，耗用煤球数量太大，虽然
早年煤便宜，可也所费不赀，所以除非家有
喜庆大事，谁家也舍不得轻易点燃火池子来
暖冬的。

八步床、宁波床瓜代了铺着厚褥的木匠

　　江南人都认为一到冬天，北方人家家都

会烧热炕来取暖，其实北方城居的富贵人家，烧热炕的还极为罕见呢！有之那就是巡更守夜、看家护院、杂工小使住的更房下房了。热炕必须用砖或三合土砌起来的，砌炉灶砌热炕，一般泥水匠都不能承应，这项手艺又是一种专行，砌热炕他们行话叫"垄"。炕的下方有一坑洞，直通到底，烧热炕的炉子是特制品，肥墩墩又矮又胖，把火生旺后，放在有四个轱辘的铁架上，推进坑洞里。坑洞还要留两个通外面的气眼，虽然炉火熊熊，当时不会染受煤气，可是经过漫漫长夜，炉火熄灭，如果煤气内蕴，跟瓦斯中毒一样，可以致人于死。所以早年巡更守夜的更夫被煤气熏死的时有所闻，不算是什么特别新闻呢！

早年北京豪富之家因为在辇毂之下，所睡的匟，有些就仿效内廷，沿墙打造船形的木板匟，上有镂空描金的横楣子，雕缋彩错的落地罩，流苏锦帐，缇绣鸳裥，卧室有多长，匦就有多长。匦的两头，各放一张矮脚带屉小条桌，除了桌上安放座钟、挂表、烛台、明镜以及各式精巧小摆式外，抽屉里可以安放卸妆及穿戴所用的珠翠明珰。条桌下面各垫一条坚而且厚的普鲁毡子，可以稳住条桌不会晃荡，匦正中叠放各种厚薄棉夹被，并把高矮长短耳枕靠枕，堆成一大堆。这种匦的匦板，都是坚硬不蛀的木材，唯恐老年人睡在上面嫌板怕硬，所以铺垫的褥子，用料都以厚软轻暖为主。匦下虽然中空，可也没人安放宫熏火炉取暖的，三九天在被筒里放一只汤婆子焐被，也就够暖和的了。

在同光以前，北方还没有带弹簧的沙发椅榻，一般起坐椅凳，尽管是酸枝花梨紫檀，再加厚厚椅垫，坐在上面依然是挺腰立背太不舒服，所以后来才有藤心摇椅、香妃榻一类轻巧家具流行。自从南方藤屉棕绷的八步床、宁波床、填漆床流行到北方后，富贵人家先是匦床兼用，后来渐渐把木匦淘汰改睡软床的。至于家规严谨的人家，说是藤屉棕绷绵软，年轻人睡久了容易弯腰驼背，仍然不准睡床。现代医师极力主张大家睡木板床而摒弃弹簧床，可见当年老一辈人的看法是有一番大道理的。

内廷向不生火，慈禧也睡木匠

早年哪些人睡热炕呢？据笔者所知，北京老式小四合房子，大半都有一两铺砖炕，因为大家都改睡床铺，砖炕太占地方，全都拆掉，纵或留有砖炕，依旧用来烧热炕的，为数也寥寥无几了。到了抗战军兴，除了西北几省产煤的县份，大家到了冬天，仍旧烧炕外，到了民国三十四年笔者离开北平时节，城里城外烧热炕的人家，可以说完全绝迹了。

砌热炕不是一般泥水匠所能承应，是另有一套技巧的。砌热炕、澡堂子砌大池，是有专门手艺人的，砌砖炕如果火道砌得不得法，不是炕上冷暖不均，就是热度忽大忽小。有一年曹锟兵变，在北平城里抢当铺，笔者全家逃到京南郎家庄世交钱三爷庄子上，暂避兵乱。他家腾出正房安顿我们，长工们为了讨好远来嘉宾，把热炕烧得特别暖和。炕面是用三合土细麦梗碾得光而且亮，刚一睡上去，既温暖又解乏，可是没过半小时，渐觉烦躁口干，睡到半夜，实在挨不住了，只好披衣而起，坐等鸡鸣。就这样第二天舌敝唇焦不说，连双目也羞光畏日布满红丝，由此可知，不是从小习惯睡热炕，这种温暖如春的滋味，还无福消受呢！

清代帝后妃嫔卧具尽管平绅厚缯，丝帉珠幢，可是仍旧睡的是木匠。慈禧晚年是最会享受的了，她以太皇太后之尊，除了在三贝子花园畅观楼她的行宫寝室里，有一架铺锦列绣的钢丝床外，她日常居住的皇宫以及在颐和园的夏宫，还不是照旧睡木匠，只不过湖丝蜀锦华缛柔适而已。宣统大婚，坤宁宫洞房，仍旧睡的是那张木匦，一直到他移居储秀宫，经皇后婉容的建议，买了一架钢丝弹簧的铜床，宫中才由睡匦而改为睡床的。

清朝宫殿都是沿袭元明旧制，两夏重梦，深邃弘敞的，朝参廷议，为了慎防火烛，向不生火，隆冬议事，多在正殿的东西暖阁。所谓暖阁，不过是风窗棂牖，幛以裘帘锦幕稍避冬寒而已。至于掖廷后宫，或皮或棉帷幕深垂，隔洞缩小，加上宫熏袅袅，手炉脚炉不离左右，自然满室煦和。除非三九酷寒，宫中尚有一种特制的白垩泥炉，肥矮膛大，由宫监们把火生旺，不见丝毫蓝焰，火苗全红，才敢抬进殿内取暖，大约一个时辰火势衰乏，立刻又要抬出宫去。宫内对于生火取暖，已经是百般谨慎小心，当然更不敢烧热炕取暖了，稽考明清官私文书以及私家记载，均无这样记述，由此可以推想到当年富贵宅邸之不烧热炕，也无非仿效内廷罢了。

北平精巧的绒花手艺

近六七年养成了早起的习惯，鸡鸣即起，漱洗完毕，总要到外面蹓跶个四五十分钟，再回家吃早点。大陆有个相沿已久的年俗，岁首元旦清早出门，要挑选一个吉时，迈出大门一定要面冲喜神方向，北方叫"出行"，南方叫"兜喜神方"。照今年农历推算，出行宜取子、卯，方向是东北大吉。卯时正符合我每天蹓跶的时刻，平素每天出门都是信步而行，既然东北方大吉大利，咱就冲东北方向而行，入乡随俗，求得心安理得，总比别别扭扭来得舒坦。

哪知冲东北方走了没几步，就看一位鬈

243

发如银、纡行婆娑的老太太，头上戴着一朵"恨福来迟"大红绒花，不但红得鲜艳异常，就连绒上的金箔，仍旧金光闪闪，特别醒眼。这朵红绒花无疑是当年北平绒花铺的杰作。

提起扎绒花，那是当年北平最细巧的手工艺，那班手艺人大半是心灵手巧，卖不了气力。近畿人家比较文弱的子弟，才到京里投师学艺。在清末民初，绒花铺鼎盛时期，在耍手艺的里头说还是很出色的行当呢！

北平的绒花铺分细作、普通两类，普通绒花铺都设在隆福寺、护国寺、白塔寺、土地庙一带，逢到庙会集会之期，也派伙计们在庙里设摊营业。细作的绒花铺分别在崇文门外花市、东安市场集中，虽然都是绒花铺，可是各人做各人的生意，互不相犯，粗活细活，他们自己人是一目了然。大致梨园行戏装上绒活生意概由花市一带绒花铺承应，王府勋戚名门巨室宫眷们所戴绒花绢花，则就是东安市场里几家绒花铺的生意了。各种耍手艺的行当，都是年假让伙计回家过年的，唯独绒花铺岁尾年头家家都是忙得不亦乐乎，先忙着扎佛前花、干鲜果子花、蜜供花，跟着就要攒头上戴的五福捧寿、恨福来迟，各式各样的绒花了。哪家师父如果想出什么别出心裁的新花样，就秘不示人地扎上几百朵，密密麻麻，一排一排地插在秫秸秆糊的纸匣子里，等正月初二拿到彰义门外财神庙专卖香客带福还家，一会儿就会抢得一朵不剩。堂客们买绒花自然精挑细选，琼花九色，顾眄便妍，只要式样别致，不怕价钱高。就是一般名绅巨贾烧完香进城，海龙帽、水獭四块瓦、棉胎便帽上也都要插上几朵红花表示已被财神爷垂佑，福自天申啦。有些野老村妪头上虽然发疏鬓稀，没法子戴，更没有地方插，她们就用一块浅杏黄土布把头包起来，然后把各式各样绒花插戴满头，让人一看就知道她是虔诚的香客回香了。

绒花铺的手艺人稍停两个月，至迟三月

初，各绒花铺又忙着要赶金顶妙峰山的生意了。金顶妙峰山的庙会，从四月初一到二十八整整一个月的会期，在河北省来说，算是最大的庙会了。等到愿了回香，无论男女老幼，一个个好像争妍斗丽似的，头上戴满绒花，绚艳悦目、多彩多姿。据绒花铺的手艺人说："当初好年月，绒花铺一年的嚼谷（生活所需），一个金顶妙峰山庙会就能挣出来了，其余的生意就都是赚的啦。"

听说当年上海浦东杜月笙家的宗祠落成典礼，因为布置祠堂正厅，四明银行特地派专人到北平办了副堂彩、翠虬绛螭、斑龙九色全部都是长圆寿字，福蝠相间，交织而成，这一堂栽绒帘幕，就是北平东安市场德盛斋绒花铺承应的，价钱当然让人听了咋舌。可是北平做绒花手艺人披锦捻金、技巧横出的手法，直让上海香粉弄一带做绢花的店铺只是点头咋嘴，叹为观止了。

有一年梅兰芳首排昆曲《刺虎》，准备在

开明大戏院纍演。梅的一班友好在缀玉轩闲聊，在响排之前，聚坐聊天。就有人谈到贞娥洞房的扮相啦，按正规打扮自然是凤冠霞帔、百褶衣裙最为得体，不过《刺虎》的身段繁琐，如果头上明珠翠羽、锦衣绤绣，歌舞起来实在顶顶挂挂感觉吃力，影响做表。于是有位才智之士，想出一个绝妙方法，头上不用点翠珠饰，全部改绒花扎成的凤冠，不但轻巧便捷，而且摘卸容易，对于《刺虎》一场激昂惊惧的表情，可以尽量发挥，不致有碍手碍脚的地方。梅畹华在四大名旦中，是最能采纳嘉言的，大家商量好式样，立刻请管事的姚二顺（玉英）到东安市场绒花铺订制了一顶满帮满底全部大红绒花的凤冠，后来在台上歌舞起来，圆转飘举，恍如玉辂卷云，绰约柔曼之极。后来坤伶中琴雪芳、陆素娟等都各订做了一顶，名坤票雍柳絮（德国人）甚至于订制一顶，用玻璃锦匣装潢起来，放在客厅里当摆设哩。

从《三百六十行： 旅馆业》想到鸡毛店

想到鸡毛店现在电视台的综艺节目，有桥剧、有短剧，争奇斗胜，花样百出，其中我对《三百六十行》最为欣赏，因为它有深度、有内涵，虽然偶或有些硬滑稽，稍嫌低俗，可是大醇小疵，不足为病的。

十一月十五日《三百六十行》节目介绍旅馆业，从豪华的观光大饭店谈到睡通铺的火房子，这种最低级投宿处所，北平人叫它鸡毛店，是种北平的特产，现在多数人没见过，甚至于也没听说过。

有一年我到香山有事，天已擦黑，从香山往回里赶，深怕关在西直门外（早年北平各城门打过二更就关闭，要到五更才再行开放）。谁知过了海淀，坐的骡车突然切轴，等赶到西直门时，已然上闩落锁，没法进城，只好在西直门外找个旅店歇下。晚上无聊，信步到街上漫步，看看夜景，发现在紧靠城根有几处土坯墙单片瓦的房子灯烛辉煌，走进前一看，每家门口都挂着一把笊篱（北京人煮面用笊篱来捞），敢情是闻名久矣的鸡毛店花子旅馆。

为了好奇心驱使，乍着胆子进到里面巡礼一番。既然是乞丐们专用的住处，屋里自然任何设备也没有，整间屋子除了中间留一条土路之外，两边地下铺满了稻草，草上絮满了鸡毛，屋顶一边挂着扎满鸡毛的软木框子。到了睡觉时间，投宿的人分两边按排躺好，齐头不齐脚，然后把挂在屋顶的框子放下来，正好盖在大家的身上。屋小人稠，上盖下铺都是鸡毛，除了汗臭蒸熏外，倒也相当温暖。把着屋门口有一个煤球炉子（不敢往里搬，怕燎着鸡毛），如果乞丐们讨来残羹剩饭，可以温热来吃。鸡毛店还顾及住客饥饿，每晚总熬一锅热气腾腾极粗的稠粥，跟窝窝头、贴锅子，供应投宿人买来充饥，物虽不美而价廉，照顾的住客倒也不少（据说冬天生意兴隆，越冷生意越旺，到了夏天，花子们喜欢露宿就没有人爱住鸡毛店了）。

开鸡毛店的店东，可以说清一色都是当地流氓混混耍人儿的，除了开鸡毛店还外带赌局，兼卖披片儿、砂锅、炭末等用具。披片儿是用破旧布条、碎烂棉花缝缀而成的，长不过膝宽可盖肩的棉布片儿。到了冬天北平天气太冷，乞丐们衣服单薄，破不蔽体，只好弄个披片儿，披起来御寒。北平人常俏皮说他都披了片儿了，就是讽刺他流为乞丐的意思。乞丐疏懒成性十之八九好喝酒好耍钱，鸡毛店开赌，也就是投其所好。花子们只要身上有点进项，就想赶赶老羊，掷两把骰子，把身上搐的几文折腾出去，才能安生，甚至于输急了，赌得一文不剩，把身上披的片儿，还要再临时小押，押点赌本来耍呢！

有人说，阜成门外、花市东南角的鸡毛店最阔绰，前者靠近白房子，后者挨着沱子河，都有几处低级娼寮，花子们赢了钱，自然有流莺土娼赶来凑热闹。不过鸡毛店有规矩，男女分铺，不得混淆，想乐和一番，只有另外觅地寻休，鸡毛店是没有特别客房的。上海南市靠近十六铺，闸北天仙庵迤北一带，都有类似鸡毛店的极下等旅馆，一层一层木板床，挤得跟沙丁鱼一样，要铺盖还得另外出租钱，住的人鸡鸣狗盗品流庞杂，蒙骗偷摸时常闹事，就是新出道的花子，都不敢去寻休，其龌龊肮脏情形比《三百六十行》所描写的还要可怕呢！这种鸡毛店、火房子，是前个世纪情景，现在如何就不得而知了。

从藏冰谈到雕冰

　　炎炎夏日，铄石流金，在没有发明电风扇、冷气机之前，天然冰可以说是人们暑季追暑却热的宠物了。北京因为是累代皇都，冬又酷寒，到了三九，凿冰窖藏，以供夏日之需，至于长江、珠江流域，到了盛暑逼人时节，只好利用井水，镇些浮瓜沉李来稍杀暑炎了。

　　小时候冬季在北海或中南海溜冰，虽然冰平如镜，可是有些冰上插着红色小旗，那是告诉溜冰的，该处是凿冰禁区。冰面上用冰钻子划出五尺见方的格子来，等冰凝结到相当厚度，就要凿窟取冰，运到冰窖贮藏起来，等到来年夏天开窖取冰了。粗心大意的溜冰朋友，在冰上溜高兴了，一个收不住脚，溜进冰洞而送了性命的，每年总有几个。听说这种冰窖都设在什刹海一带，最大的可贮藏八万多块坚冰，所培黄土，比地面高出三四尺。北京土厚，挖下去十丈八丈还不见水，所以可堆高五六层，俨然是一座冰山。我总想到冰窖去看堆冰卸冰的实况。冬天人家封窖什么也看不见，等到春末夏初人家开窖取冰了，窖门左近零下二十度左右，窖中心几近零下四十度，那些挑冰工人都是棉皮厚袄、牛皮靴子，我们单衣便鞋，如何能抵抗那种凛冽的寒飙。所以家人一再告诫，禁止到冰窖附近去蹓跶，以免受冻。

有一年参加亲戚家丧礼，丧居在羊房胡同，走不几步，就是一家冰窖。遇上几位年轻好事的朋友，大家一起哄，就联袂而往啦！恰巧工人正在从冰山上往下卸冰，两人一台，动作敏捷，筋肉虬结，个个都像大力士。窖里白雾腾腾，离窖门还有三尺，就觉得寒气逼人，令人窒息，只好知难而回。

北京一般小康之家，每年春分之后、清明之前，差不多就把收藏一冬的冰桶拿出来清洗干净，等不了几天，就有人上门来兜送冰生意。讲究点的旧式冰桶，都是紫檀木包锡里中留小孔，以便冰水下泻。冰桶盖儿两块，正好盖满冰桶，一块上镂刻名胜古迹各式花纹，兼具散凉透气作用，冰桶架在坚实木头架子上，下放小瓷盆以接滴漏。这种冰桶不但可以冰食物冷饮，顺着气孔有丝丝凉意透出，饮冰茹蘗两得其便，在未发明电冰箱之前，实在是暑天的恩物。

抗战之前，包月送冰，大概每月一元，送来冰块可化一整天。到了盛暑，冰的融化加速，加个三毛两毛，新冰旧冰又可以头尾衔接了。

有一年黄河决堤，河南部分地区变成泽国，哀鸿遍野，四处逃荒。华洋义赈会抱着人溺己溺情怀，在北京饭店举办慈善舞会救济灾黎。时已深秋，屋顶花园，琼楼拂云，深虑露冷丹裳，改在二楼舞池又怕衣香鬓影人多郁热，碰巧旧红楼住着一位丹麦雕塑家凯海雅，他是专门到北京研究刘兰塑的，他不单人像塑得好，而且学得一手好冰雕。冰雕发源于法国，在前一世纪宫廷华筵上首次出现，成为宴会上的摆饰，尤其在酷热的夏天，一座好的冰雕除了可供观赏之外，更可让参加宾客有冻飙袭人暑意全消的感觉。半世纪前，冰雕在中国还是很新颖的名词，会者无多。

慈善舞会那天，舞池北边原本悬有一巨幅油画，经凯海雅规划设计做了整堵冰墙，下面铺设一条铅铁槽，以便融冰流走，如茵的绿草覆盖，让人丝毫看不出来。他雕了一个四尺多高的幼童，用手堵塞墙上漏隙，敢情他雕的是荷兰故事中的幼童堵救溃堤，不但雕得情景如真，而此时此地既应景又切题，巧思妙手，与会仕女，个个向他敬酒祝贺。这是我第一次见到的冰雕。

抗战胜利的第二年，台湾省各生产事业单位，开过一次大型展览会。工矿公司有一位技正徐冉，在大陆时跟我在资源委员会同事。他素来心灵手巧，思想新潮，来台湾后在渔业公司工作，英雄无用武之地，书空咄咄，倍感无聊。经工矿公司企划处推荐，他把花鸟虫鱼，经过消毒化学处理，凝固在直径三尺的冰柱里，银城玉海，冷艳晶莹。渔获来的奇形怪状的鱼类，冻结在坚冰里，固然让参观者大开眼界，他能把台湾出产的各式各样的兰花也凝固在冰层里面，等于开了一次兰展，更是引得爱兰仕女，流连不去。公司又派专人，过不久喷洒一次香精利用风扇吹送，香雾噗人，更具特色。我当时忽然想起当年在北京看过北京饭店的冰雕，台湾地处亚热带，一年就有半年是热天，而且若干晚会都是在庭院中举行，大家累茵而坐，列鼎而食，如果有座冰雕点在翠幄玉案之间，镂冰冻馔，岂不妙哉。

我跟他一说，他手头就有几本从法国带回来的冰雕用书，雕冰的用具镞凿锄钻都各有详图。书上说，要使冰坚耐融，应先放几种化学药物在水内溶解。渔业公司的冰库正归他管，所以过了不久他就研究成功。他说："冰雕要先打好腹稿，开雕时要谋定而动，手要狠稳准。中国的篆刻名手，讲究'一刀定江山'，如果肯在冰雕上下功夫，可能个个都是世界级的冰雕高手。"魏伯璁先生主持省政时在台北宾馆举办迎宾游园会，徐冉一高兴雕了一座长有六尺鳞鳞相接、奋翅飞空的翔龙。来宾中有位蔡斯先生颇为识货，在雕龙之前，照了不少张照片。今年年初他来访问，还打听徐冉的下落。有人告诉他徐冉去了沙特阿拉伯，他认为沙国宴会虽别有一番情调，但冰雕妙技在沙国恐难施展，还不胜惋惜呢！

前年在曼谷，波特雅避暑胜地，有一家叫 Royal Beach Hotel 的新厦落成，晚间举行游园酒会。在每处食物台后，都有一座极富创意的冰雕。在中央喷水池前，有一座曼谷王朝拉玛一世帕普塔育华朱拉洛登巨大冰雕，跃马横戈神姿奔逸。据说泰国地处热带，凡是盛大宴会，在文轩回廊、风楼水槛、起坐处所，都讲究竖立一座冰雕，一面驱蚊却暑，一面又显宴会的堂皇伟丽。这位冰雕专家，是专程到意大利五年才学成返国的。请他冰雕不点题，由他任意雕塑，只要四五千铢即可，如果点题，那就要万铢以上啦！

　　就拿一世皇这座冰雕说吧。一般冰块都是四十四英寸高，二十二英寸宽，这座冰雕高五十六英寸，厚三十八英寸，要到冰厂去订制，这种价格就大不相同啦！会场在穿廊圆拱休息处所设有一座酒类冷饮台，中间放一个直径三尺的雕纹镂银盘，用冰块雕了一只巨大无比的长脚酒杯。杯沿四周趴着四只小猫，杯底有一只老鼠；最难得的是小猫一只只虎视眈眈，准备一跃而下，开斋大嚼；而杯底小鼠，战栗失色，楚楚可怜有如代罪羔羊；杯中贮满薄荷酒。这种精彩绝伦的冰雕，就是不喝酒的人，也要过来舀一杯酒，欣赏这座冰雕。听说这位冰雕手，只有二十几岁，叫阿弟仑，天分极高，雕冰手艺无师自通，之后不久被菲律宾一位冰雕艺术家看中，认为才堪深造，于是把他带到碧瑶指点学习。将来学成回国，在泰国冰雕艺术上必定能大放异彩。

台湾据说也有几位从事冰雕的艺术家，一位是林欣郎，一位是郑泽绍。林先生是无师自通，自己研究出来的。我在酒会上，看见过林君雕的奔腾骏马、飞空野鹤、驰逐顽童、夔立白象等四具冰雕。据他说雕人物龙马，比较麻烦，大约要四十分钟才能完成，如果雕天鹅、野鹜一些简单动物，只要十五分钟就够了。

郑君的手艺是在夏威夷跟一位师傅学来的。他说："施工之前，要先跟制冰厂订制适合雕琢的冰块。冰愈坚硬，色愈透明愈好，冰里所含空气要尽量抽去，以免凝冰呈现白色，容易碎裂。冰的冷气袭人，体积又大，一刀下错，不能更改，所以腹案构图，极其重要。最好先用跟冰块同体积的透明纸，在纸上打格定位，勾出图形，贴在冰块上，然后很快用钻刀刻出纹路，锯凿兼施，一件作品，飞快完成。至于神姿意境，那要看个人艺术造诣和修养如何了。冰雕完成最好送回冰库冰冻，因为冰冻后整个冰雕如同磨砂玻璃呈现一片白色，玉洁冰清，又耐融解。有时候忽然有个神来之笔，连自己都莫名其妙，这灵感不知是怎样来的。"

三月下旬来来饭店庆祝开业周年，举行中西餐饮大餐，当时我有事去了高雄，未能躬逢其盛。听说会场陈列了几座精致冰雕，瑶林琼树、珠香玉笑颇有可观，可惜失之交臂。现在冰雕已成了增加宴会气氛情调不可缺少的点缀品，我想将来必定迭有佳作供人欣赏呢!

刽子手

夏元瑜老兄在《时报》写了一篇《砍人头》，将人比兽，以兽喻人，把人兽来个大解剖，发人所未发，言人所未言，的确令人顿开茅塞，长了不少见识。现在笔者把所见所闻写点出来，既不是续，更不是补，不过是凑凑热闹而已。

当山西军队驻北平的时代，笔者办公地点就在东四牌楼附近，机关里没有伙食团，大家又不懂得带便当，所以中午这一顿饭，只有下小馆。隆福寺的灶温，在当时算是物美价廉的二荤铺，所以笔者就成了灶温的常客。晋军一到，跟着各饭馆的女招待就大为走红起来，灶温首先响应，添上女招待，顶出名的小金鱼，就是灶温捧起来的。他家一添女招待，为了扩充营业，散座也打成隔间，我们这帮真正吃饭的常客，每天就得挤在柜房里凑合凑合啦。吃客多，桌子少，大家又都是常主顾，拼拼桌儿也无所谓。

　　当时几乎每天跟笔者同吃的，有位身材修长，腰板笔直，留着络腮胡子，说话落门落坎，六十出头的老者。经过请教，才知道姓姜名景山，原籍开封，落籍北平。初交不好问人行业，可是五行八作，看来看去，哪一行也不像。日子一久，才知道人家是前清刑部的执事（刽子手都忌讳"刽子手"三个字，通常都呼他们"执事"）。笔者曾经问过他，听说干这一行都姓姜，有没有这档子事？据姜老说，明朝燕王棣，为了排除异己，有姜姓亲兄弟五人，给他做贴身卫士，后来迁都北京，姜氏弟兄仍旧给成祖执行刑罚，就是后世传说的姜家五虎。顺治门瓮城有五座宝顶，前头有砖瓦铺，堆满各种陶玉，所以看不见，有人传说那就是姜家五虎的坟墓。后来才知道根本没那门八宗事，那是水平测高标准，大家全错疑惑啦。北平倒是有姜家坟，在阜成门外八里庄钓鱼台附近，凡是他们这行有传授的子孙，清明节都要去烧烧纸，那倒是一点儿也不假。

他大爷（伯父，北平人叫大爷）姜大诚是刑堂总执事，他本人虽然跟总执事是亲叔侄，可是他要投入这一行，也得磕头拜师，改口叫师傅。他十六岁投师，最初是每天天一亮，就起身开始推豆腐，用砍人头的大刀，反把往胳膊肘儿一顺，刀头突出部分，用腕肘气力，把豆腐推成一块块薄片，越薄越好，等推熟了，在豆腐上再画墨记，照墨记往外推，等准头练熟，再在豆腐上加十个青铜钱，仍然按墨记往外推，一直练到指哪儿就推哪儿，毫厘不差，青铜钱在豆腐上丝毫不动，才算成功。

学徒时期下半天，可也不能闲住，每天没事就逗猴子玩。用手盘弄猴的后脑勺子，专找猴儿的第一和第二的颈椎，也就是俗话所说脖子后头算盘珠儿，大概人猴骨骼相同，久而久之，也摸熟啦。

最后一关，就是现场表演，这一关一过，才算出师。姜爷第一次到刑场，一看这个阵仗人就晕乎啦。第二次乍着胆子再去，到了节骨眼儿，还是下不了手。到了第三次上，师父这次给他准备了新鞋新袜，一身土黄布的紧身裤褂，外带一条黄绸子包头。师兄弟四五位兴冲冲地直奔菜市口，哪知道走到骡马市大街一个饭馆子门口，忽然从楼上迎头扑脸泼下一盆脏水，正好泼了姜爷一个满头满脸，他一生气，就直奔楼上，找泼水的小子算账，他师傅拉紧他说，差事要紧，等回头再跟他们算账，到了刑场气势虎虎，脸红脖子粗的，一动手就砍了三个。一出刑场红了眼的要找泼水的算账，师父带着他连师兄弟七八口子，直奔这座饭馆。他一上楼，可傻啦，楼上是绛烛高烧，红毯铺地，正中摆着一世太师椅。师傅赶紧把他叫过来说："还不赶快磕头谢谢五师叔，刚才那盆吉祥汤，是我安排好让你五师叔泼的，不然你永远出不了师。"敢情他们这一行要在刑场见红才能算满师呢。

笔者问他砍头有几种砍法。他说处决十恶不赦的江洋大盗，那跟元瑜老兄说的一点不错，犯人跪下，刽子手在犯人左右肩膀一蹬，再一揪辫子，脖子立刻拉长，有经验的刽子手一刀下去，正好是颈椎骨的骨缝，真是轻而易举，毫不费力，完成一件红差。如果是三品以上大员，犯了不赦之罪，必须问斩，那就不能揪辫子咔嚓一刀交差，刑部得选派有经验的刽子手，在犯官后脑子，顺刀一推，飘然而过。既不敢对着腔子沾血馒头，也不敢一脚踢倒尸首血溅刑场啦。尸亲如果打点的在刀刃上，人头一落地，用木盘盛起，马上三下五除二地一缝，把身首又合而为一了。姜老当了半辈子差事，只承应过这么一档子事，代价是纯银二百两。据他说到后来大臣犯罪，多半是赐帛自尽，赏一条白绸子自己上吊，绑到菜市口砍头的，简直少而又少了。

姜老又说三百六十行，我们这一行，现在算是取消啦，否则的话，我都不希望您跟我往深里交。干我们这一行有一个坏毛病，不管跟谁在一块儿走，总让人先行一步，多看人家颈椎骨怎么长的。这倒不是对谁有恶意，因为从小儿习惯使然，您说有多讨厌。

姜老又说进入民国之后，骡马市大街，有一家姓承的，家里有一个家常子（北平从小收养的小厮叫"家常子"），叫杜小子拴子的，长大不务正业，主人一管教，他愤而挥刀，把主人全家都宰了。后来在天桥二道坛门行刑，可惜当时没有包青天的狗头铡，是用麻刀铺的大铡刀铡的，小子真叫横，临刑还要躺在铡刀口上试一试。姜老也承认杜小子拴子是他所见的第一条狠人。

杆儿上的

　　前些天请一位洋朋友去听京剧，这位洋朋友是特地到台湾研究风土文物跟中国戏剧的。可巧那天我们听的是全本《红鸾禧》(又名《棒打薄情郎》)，戏里金玉奴的父亲金老丈是个"杆儿上的"。那位洋朋友问我，杆儿上的是什么行当，希望我详细地告诉他。常听戏的朋友，大概都知道"杆儿上的"是叫化子头，对于它的来龙去脉恐怕也就不甚了了吧。

　　在前清不论是天潢贵胄、勋戚旗丁，一律归旗。所以凡是真正满洲人都属于八旗，所以平常聊天，会有人问您属于哪个旗下，每个旗部有一位佐领，所有这一旗里人都归佐领管辖。当年满洲人写履历，都是些什么旗或镶什么旗，满洲或蒙古，底下紧跟着写某某佐领下，就是皇上也无例外，一样要归旗。不过贵为天子，不写佐领下而写佐领上而已。

"杆儿上的"这个名词，是清朝才有的新名词，上溯元明，是没有这个行当的。当清兵进关，顺治入主中原的时候，除了正规军队之外，攀龙附凤的各色人等，当然不在少数。作战时期，需人手，随营吃粮的闲杂碎催，所谓黑人，在队伍里混口饭吃，原无所谓，可是大局底定，各就各位。名在籍册的人们，该领俸的领俸，该关饷的关饷，至于那些随从、关外跟来的闲杂人等，鞍前马后，不能说没有一点汗马功劳。一时既没法安顿，又怕他们流荡街头滋事生非，于是设立一个像游民收容所的机构来安置这帮人，不单管住而且管吃，每个月头还能领点剃头洗澡钱，有适当机会，就给介绍工作啦。人多花费大，这笔款项可就出在大铺眼儿（北平人对大商店的俗称）大商号啦。大的每月出个十两八两不嫌多，小至出个一吊两吊钱也不嫌少，积沙成塔，每个商家出的钱可就够开销啦。这种非正式衙门的组织，管的又是近乎吃粮不当差的无业游民，要不是有权有势的大员，还真压不住那一群天不怕地不怕的刺儿头呢！听说最初是由一位铁帽子王来统御，名称是总首领，后来由神力王爷来接替。神力王爷是位正直无私、神力盖世的人物，对于这般闲散游民，管理非常严格认真，一时讹诈勒索、扒手小偷都相率敛迹。地面上治安反而仰仗他们来维持，一般商家得以安心无虑地做买卖，所以每月多捐几文钱来打发他们，也是心甘情愿的。当年专说单口相声《戏迷传》的华子元说："神力王爷每年寿诞前一天暖寿，总有人送一个小三号的瓦缸来，上面用一张发面饼糊得严严的，里头是一个猪头、一鸡、一鸭、十个鸡子，炖得红润润、油汪汪、香喷喷的一缸大杂烩，他们美其名叫'一品富贵'。神力王爷是有名食量惊人的，这一缸杂烩，虽然不吃个缸底见青天，大概也剩不下什么了。"这是华子元台底下闲聊天说的，是真是假就莫由究诘啦。

他们这个机构有一个传代之宝，正名叫"大梁"，也就是大家都知道它的俗名叫"杆儿"的。传说这根大梁是康熙皇帝微服私访时，发现他们对地方治安维持秩序，无形中的确有若干帮助，于是赏赐雕龙紫檀木杖一根，黄绒丝缠绕，平素用黄缎子包好，供在他们治事之所大堂之上（他们叫作"攒儿"），遇到凶狠刁狡甘犯法纪之徒，可以请出大梁，用杖责打，纵或毙命杖下，所谓打死无论，官厅也不追究抵命，从此之后做首领的职权也就更大啦。

到了道光年间，随着进关这一班人的后裔，大部分生活都有了着落，地方治安机关可就把一班乞丐，归纳到所谓"攒儿"的机构来了。当初在攒儿里管点事吃钱粮的人，如见大梁，无论在什么地方，必须立刻一跪三叩首。自从乞丐归攒之后，也就不分彼此，一律行礼如仪了。

　　总首领又叫督总管，都是由王公贝子贝勒兼领，最初确实是事必躬亲，到了清朝中叶以后，那些亲贵渐渐习于安乐，自己空是顶个名呢，多半派府里管事代为招呼啦。这种管事攒里人暗地里叫他"大拿"，所谓"大拿"就是王爷贝子的替身了。统领之下设副领，东西城各设副领一人，王府都在北城，所以北城不设副领，南城住的都是一般平民，因此南城也没设副领。副领之下设贴写，要有什么动笔墨或是跟官中打交道的事情，就由贴写去办了。再下一等叫"把儿头"，他们把大街巷分区划段各设一位把儿头，又叫"团头"，京剧《红鸾禧》里金松金老丈就是这个角色，戏里所形容的虽不尽然，大致说来还算不离谱儿。

　　民国初年这个组织并未全废，商店行号仍旧照拿花销，管领西城的副首领叫"多禄"，住家在西单北小英子胡同，每月初三初十两天，凡是花名册上有名有姓的都可以前去他家领份儿（既不叫钱粮又不叫关饷，因为这笔款项是铺户乐捐的所以叫"领份儿"）。凡是新来的花子，册上无名也可以登记补缺，一旦补上就叫归册，按月拿份儿啦。倘若是遇上有钱人家办红白喜事，账房先生一定将把儿头找来，商量好开多少钱的份儿，到了月底汇总起来，大伙儿均分，把儿头自己名为给人家照应照应，其实是跟吃跟喝之外，还得捞摸几文。至于本家吃不了的残茶剩酒杂合菜，他们那一帮苦哈哈也就随着乐和一番了。当初北平撒纸钱儿的"一撮毛"就是这路角色。有哪个不听把儿头的指挥，私自勒索捣乱，把儿头可以请出大梁责打一顿，以示惩罚，最严重的可以驱逐离开本段。所以北平城里虽然混混儿花子不少，可是有各段把儿头管着，无事生非并不多见。这位洋朋友对这个组织很有兴趣，他说中古时期罗马也有类似的组织，权力很大，对于地方治安帮助不少，所谓杆儿上的"杆儿"，他很想找份当时的照片来看看，可惜当时照相术还没传到中国来，现在那根御赐的黄杆儿，也不知随驾何方了。

书童的故事

　　从前，在没有设立学堂之前，子弟们读
书，家境不太宽裕的人家，自己单独请不起
老师课读，只要打听出远亲住所相距不远的，
谁家请有老师，就把自己的子弟送去附读。

　　还有些大家族，人口繁衍，子弟众多，
由族长敦聘饱学之士，在家庙宗祠设立公学，
让族中子弟前来就读，老师的膏火由祭田收
益项下开支。由于学员众多，难免良莠不齐，
于是富裕人家恐怕子弟跟人学坏，多半在自
己家里，礼聘宿儒，延为上宾，悉心教导子
女向学，自己也可以了解学生的进益。

　　幼童启蒙，多半是五六岁。有科第人家，

认为虽然是给小孩开蒙，也要底子打得好，根基扎得稳，将来才能青云直上。所请蒙师，不是举人，就是拔贡。西席到馆，主人必定冠带延宾，恳托老师从严教诲，然后由老师向圣人神位焚香行礼，学生依序行过三跪九叩大礼，然后磕头拜师。

老师首先要用红方字块正楷写出"聪明智能"四个字，让学生认读，顶多一小时，就算礼成放学，因为恐怕时间一长，造成学生厌烦或恐惧的心理，以后就怕到书房读书了。此时学童年龄幼小，陪伴来书房的，多半是乳娘看妈，她们只能在书房外间或走廊等候，未经老师召唤，是不准踏进书房的。

聪明的学童，到了十一二岁开笔，对对子、作文，送上学的乳娘看妈就该换成书童伺候啦。

刚一换书童，必定是个五六十岁的老书童，不是奶公一类人物，就是告老的管事的；一方面能照应学生的饮食冷暖，有时候学生不听教诲，或是顽皮得出了圈，那种老书童连数说带劝解，有时还真发生不小的作用呢！

到了学生作文成篇、写字临碑仿帖、十五六岁的时候，老书童耳聋眼花，腿脚也跟不上跑前跑后，这时候学生也有挑选能力，多半就换上伶牙俐齿、善窥人意、跟自己年岁相当的小书童啦。

这类书童在书房抻纸磨墨，收放书籍，外带伺候老师。每天一放学，就成了大少爷的玩伴啦，什么踢球、打鸟、钓鱼、弄狗，样样都有书童的份儿，有时候闹得太不像话了，老师要责罚，准是书童先倒霉。

京剧里最善于琢磨书童，《西厢记》里的琴童，《打樱桃》里的秋水，《双狮图》《金水桥》里的书童，都能刻画入微，可算书童的典范。大概凡事好坏点子，书童都有份儿。

还有一种豪门巨富、阀阅之家，子弟入学，怕他们形单影只，远亲近邻，有些子弟想从师读书，可是经济不宽裕，又无力延师，只好把自己的子弟送到大户人家去附读，有的人家分文不取，叫作伴读。

当年溥仪未大婚前，他的皇额娘瑾太妃督课甚严，满文教习伊克坦，汉文教习陈宝琛、梁鼎芬、朱益藩、郑孝胥，还有个英文教习庄士敦，每天分上下午轮流授课，同时伴读者有溥仪胞弟溥杰、毓伦的长子毓四。凡是溥仪书背不出，字写不好，犯了过错，老师们对于溥仪不便直接斥责，毓四浑穆敦实，十之八九是他代人受过，大家都叫他"受气包"。日久天长，他实在忍受不了，说什么也不肯入宫伴读，幸亏过了不久，溥仪大婚，不必天天上课，毓四伴读工作自然取消。后来成立伪满，溥仪在宫内府派了毓四一个肥缺，据说就是稍偿他伴读时挨骂受气的代价呢！

谈到书童，真是上智下愚，有三六九等之分。当年给梅兰芳管事的姚玉芙，原来名叫二顺，是北洋某位总长家的书童，因为名公巨卿揖让进退，看得多了，所以后来给兰芳管事干练敏实，不知替兰芳化解了多少尴尬局面。

藏园老人傅增湘，他有一位庶出幼弟增滢，颖隽辉映，使酒好剑，就是不爱读书，虽由老人亲自给弱弟督课，可是又未便苛责。他的书童陆九渊可倒了霉啦，天天挨骂；他虽然出身寒素，但是温良笃实，几年之间，居然把版本之学研究得非常精湛。藏园先生故后，他回到南京，跟人醵资在夫子庙前开了一家旧书店代卖文玩字画，他对古籍的审定，得自藏园薪传。抗战期间，南京物资极度缺乏，有些旧家存有古籍字画，只好拿出来换些柴米度日。伪官陈群是有搜购善本书籍癖好的，知道谁家有珍本秘籍，总要千方百计弄到手而后已，不过他自己对版本的研究并不高深，经人介绍，知道陆九渊出自傅沅叔门下，对于善本古籍的鉴定，自然精心汲古，抉隐阐微。陈群在做伪官阶段，确实度藏不少孤本古籍。伪组织倒台，经陆九渊的检举，大约有四分之三的宋元明版本的书籍，都被政府没收，由南京图书馆整理后提供众览，并由陆九渊主持其事。

舍亲李木公是桐城马其昶先生高弟，文章是学叩力伟，谨严宏肆，又写得一手好苏字，他的书童刘焕旸主要工作是给他誊录文稿，整天耳濡目染，所写苏字几可乱真。木公有烟霞癖，每晚焕旸在烟榻前打烟，等到烟瘾过足，探赜索隐，日积月累，焕旸当然获益不少。后来焕旸随财税专家唐滋轩入川，胜利归来，俨然简任大员，因为他读书较多，对于主人旧识，执礼甚恭，这是我所见的一位最有才识的书童。

先师阎荫桐夫子隶籍山西祁县，同文馆卒业后，虽外放海参崴总领事，因体弱多病，不耐边塞苦寒，经范冰澄丈介绍来舍课读，乃子乃女亦来附读。阎师虽非茹素，但不进肉食，先祖慈告诫庖人，对于老师三餐，每日需请老师点菜。阎师口味极为特别，每餐甜咸并进，同时不禁海鲜。干贝、淡菜、海参一类海味，庖人刘厨治馔不合口味，时遭斥责。书童苏福本来是给我们研墨洗笔，伺候茶水的小厮，因为他细心乖巧，人又聪明，对于老师的口味，他摸得一清二楚，任何菜由他在小火上一回勺，添盐加醋，总能让老师吃得适口充肠，后来索性另设小炉灶，老师的三餐就由苏福打点了。北伐前新疆督军杨增新电约先师出任新疆迪化道，先师深虑饮食无人招呼，想带苏福去又未便启齿，我窥知老师意旨后，立刻给苏福准备行装川资，让他跟随老师长行，让他日后也好找个较好出路。他在迪化两年，又随老师去了塔城，因为邮政时有阻隔，彼此断了消息。

民国二十二年，我奉派到新疆考察税政，在省府招待所附近一家饭馆便饭，案头坐着一位衣履素雅、发已皤然的老者，彼此愣在那里，倅色揣声，才认出他是苏福，万里他乡遇旧知，那份儿喜悦就不言可知了。他在迪化成家立业，俨然小康之家。临别之时，他送了我一部杨鼎帅手著《周易补释》，是他一笔不苟用正楷录好的。最可贵的是其中有不少先师朱笔注解，博考衍奥，他就是心心念念打算送给我的。他的心愿得偿，忻喜可知。经我训练的书童有六七人之多，苏福算是其中最成器的了。书童、书童，现在已经成为历史名词了。

北平的"勤行"

　　"勤行"这个名词，已经多年没听人说过。最近还是读了侯榕生女士一篇访问大陆文章，提到勤行，才又想起来的。现在跟在台湾生长的年轻人说"勤行"，恐怕十有八九"莫宰羊"，其实说穿了，就是饭馆里跑堂儿的。

　　从前北平饭馆子，除了灶上的手艺高、白案子花样多而细腻外，还讲究堂口伺候得周到不周到。所谓"堂口"，就是招呼客人的堂倌，也就是前面所说的勤行。从前北平有勤行大佬赵桂山，勤行人称他为"赵头儿"，后来连吃客都叫他赵头儿了。凡是给他磕过头的真正徒弟，教是真教，管是真管，他手下调教出来的徒弟，个个都能给老师增光露脸，拉住主顾。赵头儿从会贤堂转到了春华楼，连不大留心琐事的旧王孙溥儒，都知道赵头儿转到春华楼，我们应当捧捧场去。赵头儿的神通就可想而知了。

赵头儿不管在馆子里，或是应外烩，头脸总是刮得锃光瓦亮，冬夏总是半长不短的蓝布大褂、白布袜子、青皂鞋，三九天外加一件黑市布面老羊皮的大坎肩。不但他如此打扮，他教出来的徒弟穿着打扮，也跟他像一个模子抠出来的。勤行最注意训练说话，语气要不亢不卑，自然要顺着客人的话荏儿说，有些事办不到，该驳的也得驳回，不过要有分寸，免得客人不高兴；同时驳了客人，还要让客人满怀高兴。

北平民俗家张次溪先生有一本《勤行人语》，是他历年搜集勤行人应对、进退、说话手抄的精彩片段，一共有三百多段四万多字。报人吴宗祜曾借来，打算在他主编的《三六九》杂志上发表，仅仅登了十段就中辍了。后来在台湾，偶或与齐如老在饭馆里同席，看见饭馆里张牙舞爪、自以为是、把客人看成洋盘的堂倌，我们相顾摇头，就想起张次溪那本小册子了。齐如老说他倒是抄了一份，可惜没带出来，我则因吴宗祜说等全稿登完，另行送我一全份，所以没抄。

有一次在此地状元楼吃饭，隔壁饭座跟堂倌先是彼此争执不下，后来由口角变成动手了。我们房间有医务处的陈仙洲在座，经他去劝说调停，才算没事。原因是饭座带的小孩，一不小心摔碎了两只汤匙，结果堂倌让客人照价赔偿。这在大陆，饭座不小心摔了瓷器家伙，就是整堂细瓷，也不许堂倌说二话，赶紧拿笤帚、畚箕，把碎瓷扫走，还得赔笑脸问客人割伤了手没有，这是勤行留下来的规矩。

据说早年有位致仕的大官，带着小孙子

下小馆，小家伙一胡噜，把细瓷的汤匙摔碎了一只，结果把汤匙列在账单上。老先生一发火，不动声色让堂倌再拿十二把汤匙来，一一摔碎，让堂倌再拿。堂倌一看情形不对，只好请掌柜出来打圆场。千不是、万不是说好话，才把这件事了结。从此各大饭庄、饭馆有个默契，凡是客人不小心伤损了匙碟，不得列赔，好像现在台湾各饭馆依然照旧奉行呢！

有些性子急的客人，刚点完菜坐下就催菜，这种客人是不懂吃的外行，最难伺候，这就要靠会说话的堂倌来对付了。他几句话能把客人说得舒舒服服，火气全消。他说："火候不到家，不能给您端上来，情愿来晚了换您两句骂，也不能端上不好吃让您生气，您稍微等一等这就来。"您听听这话说得多绵软得体。

有的饭座吃菜喜欢挑毛病，批评灶上手艺太差。他们也有一套说词，他说："您府上大师傅吃过见过，我们这儿的灶上的，怎么说也没法子跟您相比，不过在这一带大小饭馆来说，我们的大师傅，也算是数一数二的了。"这种一捧两抬举的话，不知他们怎么想得出的。

有的客人喜欢说："你们现在的菜，不如从前，越做越回去啦。"他们的答词更妙："各位老爷口味越吃越高，各位要是常来多给指点指点，就不会这个样子了。您老要不来照顾，可就真要回去啦。"

有时客人嫌口重了，堂倌马上接过来说："一人一个口味，这位吃着口重，也许那位还嫌口轻呢！这个菜咸了，马上关照灶上来个口轻一点的。"有的不落坎的客人还要问："算不算钱？"堂倌赶忙回答："那是柜上外敬，哪能算钱，不过吃着咸淡合适，就是算钱，您不也是高兴吗？"有时候客人嫌鱼不新鲜、虾仁糟烂，会责问堂倌，你们条货是怎么预备的？堂倌回答，今天鱼虾虽然剩点新鲜货，可是没能抢到手。客人一定问："那是为什么呢？"堂倌说："一则到货太稀，二则您府上大师傅手疾眼快先给买走啦。"客人当着别位客人固然脸上有光彩，堂倌这一恭维，也就把这件事给搪塞过去啦！

主人请的客人一夸这家饭馆菜可做得真不错，样样都对胃口，堂倌就答茬儿说："您这不是夸赞我们，您这是恭维请客的主人。我们这儿的菜，如果不合您几位的口味，也不会请您几位到这儿来赏光。"

您看他们说的话，既含蓄又有礼貌，而且轻松幽默，该驳人的地方照驳不误，可是不恼人。他们这套外交辞令，比起资深的外交官来，也未遑多让。

台湾近几年来大小餐馆如雨后春笋，应运而生，勤行人手就显得不够用了。有些饭馆只重装潢，不重烹调；只重宣传，不求实际。堂倌改用女侍应生，只求面貌姣美、衣着入时，斟酒上菜都不是地方，应对进退，也都让人瞧着听着别扭。

有一次我同两位朋友，到一家中型饭馆便饭，堂倌倒是男士，一报菜名就是番茄明虾。我知道他想捉我们大头，我说："我不吃番茄，既然有明虾，你给我们来个虾片炒嫩豌豆吧！"他说："今天没豌豆。"我说："来个三人份的虾片炒饭吧！"他知道碰上孤丁了，由掌柜出来打招呼，才把场子圆下来。

现在有些讲排场的餐馆，客人入座，就有一位专任侍应生，在桌子旁边招待。如果是喝啤酒，你喝不两口，她就把杯斟满，确实做到翠袖殷勤捧玉钟，人人杯中酒不空。服务倒是周到了，可是客人永远喝的是既不凉又没泡沫的苦酒满杯。前烟酒公卖局的局长杨允棣先生曾经说过，公卖局最好的酒类推销员，是各饭店的女侍应生，公卖局应当订出一个奖励她们的办法来。可惜没能实行，他老人家就高升了。我想公卖局真订出可行的奖励办法来，酒类收益必能日升月恒，财源滚滚而来，就不愁缴库数字达不到预算了。话越扯越远，就此打住。

　　总之，现在的餐馆，能把装潢广告费拿点出来，好好训练一下现代男女侍应生，比什么宣传的效益，都能立竿见影呢！不信您试试看。

北平泼街的故事

"泼街"这个名词，似乎已经有好几十年没有人提过了，就是在北平生长，现在四十来岁的中年人，十之八九也不知道这个行当。所谓泼街，是怎样的泼法呢？民国肇建之初，就拿前门大街五牌楼一带来说吧，正中间是行车走马的路（就是现在的快车道），要比两旁的行人道高出一两丈。路虽然高，可也是一层一层沙砾泥土铺上去的。北平天气干旱，雨泽稀少，可是逢到雨季，淫雨连绵，也能没结没完，下上个十天半个月不停。因此有人形容北平的马路："晴天三尺土，有雨一街泥。"话虽近谑，可也是实情。

听老一辈的人说，最初北平泼街的大半都是堆子兵改行来当的。清代末年每条街上都有一座小官厅，凡是军队过境、官兵放哨、警卫巡逻，都在小官厅歇腿喝水。侍候官厅的，即所谓"堆子兵"。笔者小时候还记得东单、西四还有小官厅的残迹呢。泼街的虽然熟能生巧，一勺子水泼出，水又细密又均匀，可是经过马路的时候，泼街的一不留神，难保不有一星半点水珠溅在行人的鞋袜上。不管有理没理，总得喜笑颜开给人家赔不是，要是没点儿涵养，整天跟人上阁子（当年警察派出所叫"阁子"）去评理，那就甭干活儿啦。

清道夫因为也算行伍出身，所以发工资也叫"关饷"。上手关一个半，下手只能关一个。唯有中山公园泼街的清道夫，是公园董事会自己出钱雇用，上手关两个半，下手关两个，不但待遇好，活儿更轻松。可是有一层，公园的清道夫得管地上铺黄土，用辘轴

293

轧马路，所以中山公园里马路始终不铺柏油。因为当初公园董事会的董事长，是由内务总长朱启钤担任，他认为太阳晒在柏油路上不容易散热，而且烤得慌。如果用黄土垫平，日落西山之前，水浇得均匀适度，您穿着千层底黑缎鞋在公园前后蹓跶一圈，准保神清气爽不说，连缎子鞋也粘不上什么土星儿。

可是您要是逛街，走累了，东四、西单尚有比较完整残留的小官厅还没拆除，遇上狂风阵雨，仍可以到础壁将近倾圮的小官厅聊避风雨，抽根烟卷呢。后来京师警察厅成立，街道环境卫生的整理划归警察厅内外区署，这般无可归属的堆子兵就划归区署担任泼街工作，美其名叫"清道夫"啦。夏天挑水泼街，冬天铲雪、扫雪，外带打扫街道，在路灯没改电灯还用油灯的时候，每天点灯添油也算清道夫的工作之一。

清道夫主要工作是泼街，两人一组，一只两人合力才抬得动的双耳大木桶，一把藤条编的长把大木勺，工作分上下手，当然持勺泼水的上手工钱挣得多点儿。泼水也要讲技巧，既要泼得远，更要泼得匀，人家泼二十桶水，把这条街泼得又湿又匀称，如果生手来泼，挑了二十五桶还是东一摊西一块的，那辛苦还不是自己白饶上。当年在大街上走的斯文人多半是白袜皂鞋，在茶座上一落座，就得要鞋掸子掸尘土，否则满鞋帮都是土，那有多难受。

据说当年慈禧皇太后每到盛夏，必定是玉辇清游，移驾颐和园，美其名曰歇伏，一直要到金风荐爽，秋蝉曳绪，才能起驾还宫。这一来一去，都要由内务府派工黄土垫道、净水泼街，必须做到土不扬尘的程度。因为扈从接驾的勋戚贵藩太多，要是靴帽袍褂上尽是灰尘，御前失仪，办这档子差事的人，那可就吃不了兜着走啦，所以这档差事一定要侍候得妥当仔细。虽然听人这么说，当年黄土垫道、净水泼街如何如何，咱可没赶上过。

民国十二年虽然清社已屋，可是光绪的瑾贵妃，曾经辇舆卤簿归宁省亲一次，那时是由神武门禁卫军担任净街工作。从北上门经过景山东大街，一直到中老胡同，都是平净无尘，算起来那是笔者所看北平街道最整洁的一次了。

谈泼街的清道夫，不由得又想起一桩名伶梅兰芳跟清道夫的趣事。梅兰芳当年住在南城芦草园还没搬到无量大人胡同住的时候，梅的祖母病故，在家停灵期间，天天念经放焰口。梅跟警察界的吉世安、延少白两位署长交情都不错，梅家每天车马盈门，还有不少显要前来吊祭，于是警方就派了几名保安队员、几名清道夫坐镇弹压，清扫街道。

北平富有人家办丧事，承办酒席的饭馆子，都有中桌招待一些杂役人等，派来担任清扫的清道夫，当然是天天有酒有肉大吃大喝。有位仁兄大概酒喝得沉了点，忽然异想天开地说，梅老板穿上戏装，就如同天上仙女一样，下了装也是细皮白肉像个大姑娘。咱们各位谁有胆量过去，搂着梅老板要个乖乖（北平市井之徒管接吻叫"要乖乖"），我送他一块大头。结果清道夫中有位二百五的老不羞，一听有一块大洋可拿，立刻答应下来，欣然愿往。等到梅的祖母伴宿开吊，僧道喇嘛哗经送圣烧楼库，梅老板以承重孙资格麻衣麻冠、于思满面，正在大街跪在孝垫子上低头静听僧道宣圣，忽然从人堆里窜出一人搂着梅氏狂吻几下又钻进人群。正好赶上侦缉队长马玉林带队巡逻，一望有人从人堆里慌慌张张出来撒腿就跑，心知必有缘故，赶上去一腿就把这人撂在当地。等到问明实际情形，马队长可为难了，这件事非抢非盗，一个苦哈哈，罚锾他没钱，关起来他倒有不花钱的窝窝头啃啦。

想来想去罚这个老不羞，从宣外大街到菜市口这条大街，每天泼街一次，为期十天。这个老不羞虽然赚到了一块大洋，可是这十天的苦累，细算起来，实在有点儿乐不敌苦。当年侦缉队整人，轻重缓急分寸拿得恰到好处，谑而不虐，真叫人不能不佩服呢。事隔几十年，"泼街"已成历史名词，现在写点出来或者让五十岁以上的人引发点思古的幽情吧。

也谈痰盂

前两天梁实秋教授在本刊写了一篇《痰盂》，把我五十年的陈痰也勾起来了。痰盂究竟是什么朝代产物，一时考证不出来，总之其源甚古就是了。

当年在大陆，无论大宅小户，凡是来客起坐的地方总有一只或一对痰盂，以供客人痰嗽或搕烟灰之用。冠冕人家大厅正中炕床之前，一对二尺多高白铜痰桶是不可少的用具，也可以说是摆设，少了它好像短点什么似的，至于卧房书室也少不了有一只或一对放在适当的地方来供使用。

无论中外，不分古今，人皆有痰，不过

吐的方法不同而已。洋人表示礼貌，把黏痰吐在纸中，团把团把塞在口袋里，窥便扔到垃圾箱里去，虽然未可厚非，可是吐在手帕里归遗细君，不但不人道，而且想起来也恶心。当年福开森曾经说过："中国人用痰盂吐痰实在高明，如果怕不卫生，痰盂里洒点消毒药水，再加上个盖子，岂不是尽善尽美了吗？"后来北京有些洋机关，真的照样如仪，尼克松、毛泽东在居仁堂会谈照片上，在二人中间赫然矗立一只古色古香的痰盂呢。

大陆豪富之家，客厅里一对银光晃耀的白铜痰盂，是必不可少的点缀品外，极普遍的也有一对蓝边白搪瓷的摆着。至于彩色花纹，粗细高矮形式不同的搪瓷痰盂所在多有，大半俗不可耐。只有一次笔者行经骡马市大街，遇上一档子运嫁妆行列。其中有一台上用粉红绸子绑着一对搪瓷痰盂，大红颜色，一面是捻金的双喜字，一面画的是麒麟送子，彩色柔丽，是笔者所见搪瓷痰盂里最出色的一对了，此后就从没见过那样工细鲜艳的搪瓷货。

当年英国驻华公使朱尔典公使馆客厅，有一只白地青花古朴苍浑的瓷痰盂，放在条案正中，上面插着雀翎潮扇，显然他是把痰盂摆在那里当花瓶来用了。那个痰盂底部既无款识，更无图记，据朱尔典公使说，他是从地安门大街一个小古坑铺买来的。经过对瓷器有研究的名家鉴定，是前明大内御用品，因为痰盂放在地上供吐痰，属于一种秽器，不敢烧上年号，以免有污圣德。所说不知是否属实，不过当年逛故宫，确实没见过有痰盂陈列，是否因为痰盂与溺器同列为秽器，未能列入展览之林，不知道现在外双溪故宫所藏器皿中有痰盂一项否？

梁教授还谈到了一种小型痰盂，放在枕边座右，无倾覆之虞，有随侍之效，舍间管这种精巧小痰盂叫"唾壶"。北平有一家专烧景泰蓝的专业作坊叫"老天利"，自产自销，色泽深厚，镶嵌累然。他家有一对景泰蓝唾壶，通体纯蓝、用金银镶嵌的百寿图，铜丝颜料跟胎骨熔合无间，雕剔磨光，大家都断为明景泰年间高手制品，店主也轻易不肯示人。抗战军兴，北平沦陷，老天利、中兴两家一些景泰蓝精品，也都被日军巧取豪夺据为己有，那对真正明朝景泰蓝百寿图图案的唾壶，被华北驻屯军嘱托得去，当然这对珍品最后变成日本"皇军"胜利品啦。

舍亲刘世衍，安徽贵池人，清末做过一任度支部右参议，后来以逊清遗老自居，终其身不剪辫子，就是他的少君公鲁，在上海出入歌台舞榭，也是拖着一条大辫子，怡然自得。此老有一癖好，喜欢搜集小型唾壶，奇斋复绝，无美不备。大概他收藏的有百余只之多，镶金嵌玉，螺钿剔红，历代名瓷，都不算稀奇。他有三四十只欧洲各国制的细瓷唾壶，风景人物，走兽飞禽，敷彩镂花，绚艳悦目，派有一伶俐书童专任洗涤拂拭。

每晚睡前选出五只，用裱心纸卷成纸个，垫在壶内，次日沾污再行洗换。令人疑惑不解者，是欧美人士有痰物吐入手纸手帕，从没见过他们使用大小痰盂，刘府何来若干技巧横出瓷制唾壶呢！令人难以猜透。

近十余年来，台湾房屋建筑格局式样，日新月异，客厅书室起居间，已经没有安放痰盂的适当位置。搁在哪个壁角墙根都不顺眼，何况市面上各大百货公司已少有痰盂出售，乡镇市廛偶或有售，也都粗劣不堪，难登大雅之堂。好在笔者从小养成不吐痰习惯，碰上伤风感冒，多去两次卫生间，问题也可解决。痰盂！痰盂！再过十年八年恐怕已经成为历史上名词了。

汤婆子的种种

汤婆子这个名词，差不多有半个世纪没听人说过了，七月间《联合报》"万象"版有一篇附照片谈水龟的文章，细看之下所谓水龟就是古人所说的汤婆子。照片上的水龟式样很新，大概是民国十几年出品。

汤婆子是什么年代的产物，现代已不可考，不过宋朝就有人使用了。苏东坡写给杨君素信上说："送暖脚铜罐一枚，每夜热汤注满，塞其口，仍以布单衾裹之可以达旦不冷。"黄山谷诗："千元买脚婆，夜里睡天明。"所以汤婆子又叫"脚婆"，当时也有人叫"汤媪""暖足瓶"的，总之，依照上面说法，汤婆子在宋代已经很流行是可以确定的了。

　　当年在长江一带，隆冬虽然不是朔风刺肤，但半夜归卧，衾裯沍寒，往往彻夜两脚不能温暖。有一个汤婆子焙煨下股，或是暖玉在抱，自然一觉酣然，适体舒畅。北方冬早，一般人家至迟九月中旬大半都生起炉子或是烧上热炕，满室如春，自然不需要什么汤婆子来熨脚暖被啦。不过豪门巨室，一些富贵人家仍旧是睡床而不睡炕的，又免不了使用锡或铜做成的汤壶取暖温足，所以无论南北姑娘出阁，汤婆子都是嫁妆中不可缺少的恩物呢！铜玉锡器店做的汤婆子先是用木头做的塞子护套口，可是偶一不慎，被裯容易沾湿。后来进步到橡皮口螺旋塞，不管汤婆子在被筒里怎样翻腾，热水仍不会弄湿被裯。橡皮水袋本来是医疗器材，热敷灌开水，冷敷放冰块用的，不知哪一位高明之士，把它注入滚水，当手炉脚炉来使用。

　　民国十二三年笔者初到上海，朋友请看

郑正秋、王恐演的文明戏，戏园子里前五排坐的都是豪门艳姬、北里名葩，每个人手里都捧着一个热水袋，嫣红姹紫，大小各异。每个热水袋又都用五颜六色的丝巾绸帕裹着，案目们奔前窜后忙着换装热水的镜头真是令人叹为观止。您再到南京东路新新、先施、永安三大公司橱窗看一看，整间橱窗摆满各种不同颜色的大的小的热水袋，并且分透明与不透明两种，龙纹凤彩，可称目迷五色，不知买哪一种好呢！

彼时行销中国的橡皮水袋，多半是英国一家厂商供应的，突然一年之间销往中国的皮水袋增加了若干万打，而且订货单仍然源源涌到。主管远东推销事务的经理，百思莫解，于是亲自来中国，首先到上海考察一番，他再也想不到，皮水袋在中国除了少数用之于医疗器材外，百分之九十以上，都成了深闺绣榻暖手熨足的皮汤婆子啦。

法国出品的一种妇女喝的 COINTREAU

甜酒，中文译音叫"口利沙"，因为这种酒畏见日光，所以都用陶土做的瓶子盛酒，靠近瓶口还有一只把手。瓶口瓶盖，因为怕酒香外溢，做得都异常考究，不但严封密合，而且不会走气。后来不知哪位聪明的人拿这种空酒瓶子，灌上开水来代替汤婆子使用，不但保暖，而且不虞漏水，因为瓶身圆滑，放在被窝里，圆转如意比当初的汤婆子更为得用。先慈在世的时候喜欢口利沙清醇秀雅，偶或浅尝两杯，瓶酒未罄，就有人等着讨空瓶子啦。后来经人说明，才知道口利沙空瓶子注热水暖被，比旧式的汤婆子还要实惠。

北方的冬天，大家小户都要生个煤球炉子放在屋子里取暖，炉子上用支碗（用沙板砖磨的斜坡长方形砖块，用三块三角分立在炉口，免得锅盆壶盖把火压熄）架上一壶水。水气氤氲蒸腾，可免室内空气过分干燥，同时要用开水就方便多啦。当年梨园行有位唱二路老生叫甄洪奎的，满面红光同时生就一副上人见喜的面孔，永远是笑眯眯的，所以有些人叫他"笑脸先生"。此人体质上火下寒，冬天不能睡热炕，可是脚又怕冷。他每天晚饭之后，就找两块沙板砖竖在煤球炉子的炉口两边，等到他睡觉之前两块砖都烤得炙肌灼肤，用毛巾一包，往被窝一放，一霎时春温被底，他再宽衣入卧。据他说："人过中年，血气渐衰，到了花甲最容易闹老寒腿，如果用热砖暖被，就不会有这毛病发生啦！"他的妙论，倒也合乎科学原理。今年冬天，住在北部有寒腿的朋友不妨试试，我想就是没有什么效果，大概也不会有什么害处吧！

中国最古老的礼券

最近"财政部"把每一公司发售商品礼券总额重新修订，这让我想起从前北平最老的礼券席票来了。

北平早年人情过往，无论红白寿庆，除了现金份子之外，都讲究用席票，大至堂庄饭馆，小到香烛切面铺都可以出票子。例如办生日、办满月、娶媳妇、嫁闺女，到哪一个饭庄子开一张席票，都非常方便。早先用银码一两起，就可以开席票，四两以上就可以写明是翅席一桌啦。喜庆事用红纸开票子，素事一律用黄纸。

当年物价便宜，最高码的席票，笔者只

见过二十四两一桌的燕菜席，那是难得一见的。后来改成钱码，以东华门东兴楼出的票子最硬实，到了民国二十年前后，可是也没有超过二十八块钱一桌的席面。席票正面都是用木板镂制的精细宽花边，恐怕别人伪造，所以花纹要多细致有多细致，而且每家不同。席票上方由右至左横写着庄馆堂名，下方直写凭票即付若干两，或若干银圆，某种席一桌，左边写明出票的年月日，素票子则用黄纸或浅淡青或粉纸。在写钱码上盖上本堂本庄的水印木戳堂记银戳一大串，倒是非常显明。要是喜筵红纸盖红戳，红上加红有欠鲜明，于是在席票后面重复再盖上一串，以昭郑重。这种席票既不要官府核准，也没有管理机构，全凭字号的信用。到了民国十几年北伐成功，北平一些老住户行人情，还彼此互送席票呢。

当时北平东安市场有一家叫杨本贤的铺子，脑筋动得快，他家专门买卖各种席票，以暨红白事所用的绸缎幛子。席票票面八块一桌的，用了不两块钱就卖了，反正这种席票，授受双方，心里有数，是串百家门的货，谁也不会犯半吊子，真拿到饭庄子取菜来吃。北平西珠市口有个叫天寿堂的饭庄子，民国二十年倒闭，后来清理内外欠，据说论两的席票，散在外头的有十五万两之多，在当年来说，这个数目可就不小啦。十五万两银子整年在外头转，一转就是多少年，你瞧利有多厚呀。骡马市大街有一家饭馆叫"宾宴春"，也是以开席票起家的，有一年笔者在宾宴春有应酬，真有一位外乡客人同了朋友来小酌，吃完饭一算账拿出席票来抵现，三说五说就跟柜上吵起来了，后来经大家出来，说好说歹，结果让柜上吃点小亏，才算了事。

想当年人家做寿，送礼，讲究四色，多半是寿烛、寿桃、寿面、寿筵。寿筵是饭庄子的席票，寿桃、寿面是切面铺出的票子，寿烛是香蜡铺出的票子，反正不管是什么票子总是转来转去绝无仅有拿票去兑现的。民国十四年舍间办寿事曾经收到过咸丰年间的桃面票，如果真想取桃面，上哪儿找这个切面铺呀。

遇到朋友家办白事，如果是泛泛之交，当年在北平送一份儿官吊，也就成啦。所谓官吊，也是四色，香蜡纸箔，票子全都是香蜡铺出的，因为钱码小，反正是串百家门的东西，那就更没人注意拿它当回事了。不过也有个例外，在北平缸瓦市大街有一家开了一两百年的老香蜡铺，名字叫"麝馥春"，门口幌子是一座石头刻出来的蜡烛，还带蜡烛台，连座子带蜡烛约莫有两丈来高，刻工还挺精细。久而久之大家都叫他"大蜡家"，那可是远近闻名，如果您要提说麝馥春，反而没什么人知道啦。人家买卖做得可真正瓷实，不但货真价实，而且货色特别齐全，别家买不到的香料，他家一应俱全。民国二十年他家特制除夕祭天香斗，要请一份儿就要二十块钱了，净是斗面小格子里铺的五颜六色各式香饼就有十来种之多，每层香座粘有五色精绘诸天菩萨、各式飞天、青狮白象三世尊的版画，可以说走遍全中国也没有见过这么精致讲究的香斗。

　　说了半天大蜡家的香斗，还没说他家出的官吊票子呢，他家出的香烛纸箔票子，凡是丧家拿到了，十有八九，都是照票取货，焚化自用，否则也要花钱到大蜡去买。北平市井流传一句歇后语是"大蜡的票子——免打"，您就知道他家的买卖做得怎样啦。像前面所说的富而好礼的席票，您做梦也想不到有这样的票儿吧。

名片古今谈

一进十月门，国家的庆典多，而民间的喜庆事，似乎也跟着凑热闹，红帖子满天飞，每次吃完寿筵喜酒回家，口袋塞满了素不相识人的名片。有的印满头衔，有的叙述政纲（市议员候选人），这种无孔不入、广结善缘的手法，实在令人叹为观止！在汉和帝在位、蔡伦还没发明造纸以前，通名晋谒，用削木书写，汉初谓之"谒"（谒者书刺，自言爵里），汉末谓之"刺"（书姓名于柬曰刺）。汉以后，虽然改用纸张，而仍相沿曰"刺"。到了唐代，每年新进士要到长安平康坊妓院去游乐，要用红笺写"名纸"，到了明代才改叫

"名帖"，至于改称"名片"，是民国初年的事，距今还不足一百年呢！

笔者当年在北平，每逢春节，总要留一两天时间逛逛厂甸，人家是买古玩玉器、书籍字画，我则专逛旧货摊。我在破铜烂铁堆里曾发现过几方汉印，食髓知味，我对旧货摊兴趣因而非常浓厚。有一年我在旧货摊上看见一本蓝布面很厚的旧账本，其中夹着若干张大红名帖，翻了几张发现先伯祖文贞公、先祖仲鲁公名帖，均在其内。大概各科甲翰林的有四五百张，不敢多翻，花了十吊钱，合两毛多钱买了回来。细一查对，从乾隆十年（1745）起乙丑正科至光绪三十年（1904）甲辰正科止，正科、恩科、备科除了三鼎甲以外，所有太史公凡是风采踔厉、积学雄文者，几乎网罗殆尽。还有一张伊藤博文的，有一尺多长，跟翰林名帖一样，至于光绪六年（1880）庚辰正科、九年（1883）癸未正科，曾入值词林的翰林公几乎一张不缺。

我曾经拿了这些名帖，请教过藏园老人傅增湘前辈。据沅叔先生说："中了进士之后，分为四级：一级为状元、榜眼、探花三鼎甲，以及全科的翰林；二级为主事；三级为知县；四级为中书。其中主事、知县、中书三者，一贴榜便算受职，所谓榜下即用，就有隶属的衙门管辖，唯独翰林，发榜之后，就是进入翰林院（叫"进院"不叫"到差"），改称庶吉士。既未受职，还不算正式官员，所以在这短短期间，轩昂自肆，所用名帖，都是亲自楷书，镌好木戳，印在梅红纸上，最长的有二尺，最小的也有一尺多，字则大的四寸见方，小的也有二寸，张张铁画银钩，雄伟挺秀，这是翰林们炫耀放纵时候，这不但主事、知县、中书不敢用这种名帖，就连三鼎甲也不能用。因为三鼎甲一发榜，便是翰林院的修撰编修，已经算是国家官员了，所以你所搜集名帖全是各科翰林，没有一张是历届三鼎甲的。至于能把庚辰、癸未两科的翰林名帖集全，大概原主的先世或他本人，与这两科翰林中有特别渊源，碰巧志伯愚、仲鲁两位前辈同擢巍科，真是巧而又巧了。关于伊藤博文那张梅红大名帖，可能是见猎心喜，游戏之作吧！"可惜这些名帖，都留在北平。

晚清时期，进谒上司，同僚拜望，新亲往还，还有投递名帖习俗。外省官员进京公干，自己没有车马，又无随从，在没有马车、人力车之前，通衢大道旁空旷场所，独停放若干骡车（北平人称之为车口），可临时讲价雇用。是否让赶车的投帖，要事先讲明，大概投帖要多给几吊钱或多赏酒钱，这个钱赶车的也不白拿，他投帖时，还在头上扣一顶红缨帽，表示是自用长随。投帖要挟着护书或拜匣，护书就跟现在的卷宗夹一样，不过是布面而已。用拜匣的，可就讲究啦，有苏漆、建漆、广漆、嵌螺钿、雕红之分，名帖式样有单帖、折帖、全帖几种样式。古人说

"自言爵里"，这些名帖，有的叙明身份，有的写明与被访人的关系，如晚生、侍生、眷生、教弟、姻侍生、姻愚弟、门生、世愚侄等，让接帖的人，一望而知彼此关系，不致扑朔迷离，有不知先生为何许人也的尴尬。

北洋时期，我初次到政府机关服公，在财政部印刷局供职。局长濮一乘特准每星期六下午到局办公，所以我被列为局里正式办公人员，而非挂名拿干薪的差事。不但每月照领薪饷，还有一份伙食津贴可拿。依照局方惯例，凡是属于正式办公职员，到差之后局方印赠名片三百张。一百张木纹纸的，一百张松香烫漆，一百张烂纹字的。纸张考究不说，木纹、烫漆、烂纹印制方式，在当时都是一般印刷厂印不出来的。方形仿宋体字，是印刷局所特有，后来有位技工离开印刷局，到中华书局工作，带了一全份方体仿宋模样，从此中华书局代印名片，方体仿宋字体非常整齐。后来上海文化界讥笑中华书局还代印名片，才慢慢取消了。

妇女印名片，民国初年很为流行，黎大总统元洪的夫人黎本危，据说是汉口沙家巷妓女从良，出身不高，识字无多，在她左右攀龙附凤的女官，当然也没有什么高明人物。她要印名片，当时妇女所用名片都是圆角烫金边，偏偏有人给她出馊主意，在名片上压出一双翔凤展翅凸形花纹。她非常得意，遇有公府款宴使节团，她就向各位公使代办夫人致送这种名片。后来被熊希龄夫人朱其慧女士看见，告诉她，那是上海长三堂子姑娘们的花样经，母仪天下贵为元首夫人，岂可如此轻率失仪，此后她再也没有散发这种名片了。民国十三四年，笔者在上海期间，商界中酬酢，喜欢飞笺招花，当筵劝酒，招来莺燕都带有粉红水绿压花凸字、尺寸极小的名片送人（当时上海男妓钟雪琴也用这种粉红凸花小名片），由此才知道朱其慧劝阻黎夫人使用这种名片的原因。

笔者在南京工作时，有位同寅柳贡禾君，其叔是国学大师柳诒徵。柳君填的词蕴藉俨雅，词韵清蔚，颇得朱疆邨、沈寐叟两位前辈的激赏，可是他词送到新、申两报从未刊出过，我猜想是他那笔晃漾恣肆的狂草，编辑手民都无法全部认识，所以只好割爱。我试把原稿照抄寄出，寄给《申报》也好，《新闻报》也好，全都照登，所以后来他的诗词都由我誊写好，然后付邮。有一天他忽然送了两盒名片来，另附铅铸名戳，赫然是清道人李瑞清把我名字用魏碑字体写的法书，印成名片的。当时清道人在上海九华堂挂有笔单，可是寸楷以下小字，已久不接件，不是他们有深厚友谊，这三个"唐鲁孙"小字是得之不易的。我既有铅铸名戳，用完再印，抗战胜利来台，我还印了两百张名片带来，可惜铅戳留在北平，名片用完现在已经没法再印了。

台湾在光复之初，本省同胞受了五十年

日本教育，对于祖国的文字习俗都未尽了了，所以在所用名片上出了若干笑话。某君结缡之喜，收到贺礼，他还知道写谢帖，大红片子，写着收礼人领谢，倒是中规中矩的，旁边他还印上"鼎惠悬辞"四个字，收礼后说悬辞，已经不通。"鼎惠悬辞"照字面上讲，当然没什么不对，可是在大陆的习惯，这四个字平常都印在讣闻上，现在印在谢帖上，似乎有点别别扭扭的。

当年我在一家卷烟厂工作，有商家送来卷烟里用的香料，在日据时代香烟里都加入这种香料，因为脂粉气过重，一般人都不爱抽日本制香烟，就是这个道理，我们绝对废弃不用。可是这位商人在大陆大量搜购运来台湾，认定总可大赚一票，可是香烟改变配方，原本奇货可居的，变成无人问津的废料，于是钻头觅脑四处托人求售，最后打算横施压力，强迫烟厂就范。有一天烟厂来了一位趾高气扬的先生，掏出名片，衔名一大堆，最后写着是某某人之子。他对我们软硬兼施，威胁利诱，好在我们早已报备有案，始终坚持原则，最后他技穷而走。这是我来台所看见的又一张怪名片。

上一届省议员选举，有一位候选人名片用的是透明塑料片，他把他户籍所在地的一处名胜，印在名片的另一半上，让选民别忘了跟他的乡谊。印制精美，很多收到这种名片的人，留起来当书签用。有一位候选人，大概跟铝业公司有关系，他的名片是铝箔制的，彩色柔丽，非常醒目。据笔者所知，铝箔上印彩色需高超技术，后来打听出来，那位候选人的铝名片，是从日本印制来的。各种选举，候选人尽量介绍自己的从学经历和现在头衔，让选民对他有进一步了解，原本是无可厚非的。不过我接到过一张名片，衔名写了十多项，把自己姓名挤在左下角，细看这位仁兄的头衔，不是什么名誉理事，就是什么团体顾问，甚至某某运动团队的副领队、某某慈善机关赞助人，细一琢磨，没有一项实际的工作。这种好大喜功、华而不实的人如果当选，还能不出卖风云雷雨吗？

笔者初入社会时，先师阎荫桐夫子曾经叮嘱过我："在外酬应一定要准备一些印有姓名、籍贯、地址、电话的名片，以便跟初交的朋友交换，假如人家给你名片，你不回一张，很容易让人误会你架子太大，或不愿意折节下交，岂不冤枉；至于那些名片上印有'专诚拜谒''启事盖章'字样的，不是自抬身价，就是自命不凡矫揉造作之徒，不足为法。"多少年来，恪遵师训，身边总要带几张名片，以备不时之需。

当铺票号始末根由

前不久屏东合作金库突然发现一位职员，在一年左右竟然神不知鬼不觉地挪用公款达四千万之多，引起各界对银行作业内部管制不够周密的怀疑。跟几位朋友闲聊，就聊到当年的当铺票号组织虽然古老些，可是管理节制方面，有条不紊，确有其独到之处呢！

依据典籍上记载，唐代初年就有所谓典当业了，再看宋元明历朝的私人笔记，以及诗词歌曲都有关于典当故事和吟咏，足以证明自唐以降，典当业就成为社会上一种用物品来抵押借贷而不可缺少的一种正当行业了。

典当业大致分为典、当、质、押四类，

是按资本多寡、利率厚薄、时期长短而划分的，典当业自然是以典的规模最大，当次之，质押更次之。

我们拿清朝来说吧，在政府还没设立官银号金融机构之前，无论是朝廷库收、地方的税赋，以及各种协饷杂项收入，有些省份规定可以存放在典里生息。可是利息比一般民间利息为低，只有七八厘，最多不得超过一分，有些贫瘠省份最高利息还有不到一分的，这对生意人来说，是最稳妥可靠、利润又厚的生意了。不过这并不是每一家都有资格承做，必先经过当地官署审查合格，发给"公典"凭执才能正式承受官家存放款项，在一开始只有典才有资格当公典，一般当铺是不准承办这项业务的。早先典当之分就在于此。

到了康熙末年，凡是幅员广阔、人口稠密、财源充沛的省份，因为库款富足，如果报奉户部核准，也可加以通融，拨一部分库款，存放指定的当铺里，当铺则按八厘以下生息，最高不得超过八厘，这种当铺名之为"朝廷税典"。清朝当时全国共分为十八行省，差不多每一省份都有几家公典。至于供一般市民通有无的质押那就更多啦！可是最奇怪的，是辇毂之下皇皇帝都，大街小巷到处都有当铺，所谓公典反而极为罕见，就是质或押也是南多于北，南方各省质押随处可见，越往北来质押就越少啦。

据典当业中人说："顺治时代，北京还是'公典'，后来自从当铺可以存汇库款，各省解库大宗款项，一到北京，就立即径解户部缴纳。公典因为开支大、利润薄，在做生意方面反而竞争不过当铺，逐渐归于淘汰。倒是华中、华南各省，在北伐之前的上海租界里，典、当、质、押，四者俱全。尤其抗战时期，所谓沪西歹土赌窟林立，质铺小押大行其道，赌赢立刻取赎，赌输多半死当。直到抗战胜利，典固然没有了，质押也无形消灭，就剩下当铺硕果仅存了。"

笔者当年有位教珠算的班长保老师，当铺出身，不但两只手能同时打算盘，而且运指如飞，打完之后只要两把算盘数字相同，根本就不用复盘了。他说："当票上写的字，龙翔凤舞，这也属于典当行一种特殊技巧，绝不是胡涂乱抹而是有结构有笔法的，凡是吃当铺饭的同行，一瞧便知，外行人就是草圣复生，也认不出写的是天书还是鬼画符。一个学徒能练得正式开当票，还得心性灵巧，最少也要一年多以上才能开当票呢！有人说当铺里朝奉都是徽州人，其实也不尽然，例如嘉庆初年和珅抄家，他出资在北京通县所开的当铺十二家，以及他家人刘全的八家当铺，其中就有若干家没有徽州朝奉。不过在江浙一带的典当，都要请一两位徽州朝奉来掌眼，负责鉴定珠宝珍玩字画皮货等的价值真假倒不差。所以后来大家都误会典当里必定有徽州人主持的说法。"

　　另外班老师给我们讲过一段典当历史，

是向所未闻。他说："在学生意的时候，听老前辈谈说，前朝的当铺，跟县衙门后墙都是相连的。当铺墙高壁厚不说，就是迎门窗棂门楣，也都粗厚坚固，尤其门外加上一道寸半见方漆的木栅栏，变成当铺特有的标志，让人一看，就知道这是当铺。表面上说是防范偷盗抢劫，其实也有防范当铺里执事人等溜走逃亡的因素在内，因为彼时当铺里的人，都是监狱里的囚犯。凡是跟当铺打过交道的人，总觉得当铺的柜台特别高，心里想着去当是去求人，所以当铺要显出是高高在上，其实完全猜错了。因为他们都是牢里囚犯，脚上都铐着脚镣，让人瞧见难以为情，同时也防着他们逃脱。再则就是进当铺的都是有急用的人，总想物品价值当得越多越好，当铺想法恰恰相反，怕死当不赎，尽量压低价码。双方时常会因为当价高当价低，发生口角冲突，柜台做得高不可攀，就可以减少若干不必要的纠缠了。"班老师所说的话，照事实印证，的确合情合理，不过从书刊查证，一直没查出所以然来，只好留以待考吧。

北平各大当铺，还有所谓信当的办法。清朝素来就有穷京官之说，因为京官清苦，十之八九都是宦囊不裕的。一到过年过节，或遇上喜庆丧葬大事，一时筹措不及，可以弄一两只大皮箱，里头就是塞点破烂不值钱的东西也没关系，锁好加封。当铺里如果知道这位大老爷根底明白是信用可靠的，当个千儿八百两都不成问题，可是到期必定取赎，否则砂锅砸蒜变成一锤子买卖，下回您再打算信当，那就免开尊口吧。

清朝在乾隆年间当铺已经相当发达，当时北京城里当铺有六七百家之多，掌朝大臣鄂尔泰曾一再上疏谏言，为了稳定钱价（币值），官府应当提拨一部分银两，充作资金，跟当铺合作。因为当铺组织严密信用可靠，发本放债，无虞亏折。后来凡是由内务府经管的皇室款项，也陆续存放典当生息。经户部收的佃租房租，各税关罚赔银两，各王公大臣获罪罚俸，犯罪官吏抄没家产变价款项，上行下效，甚至于各级官署的经费饷银，也都慢慢改成存典生息，视为当然。事实上在没有票号之前，典当业在当时已经成为实际上的金融机构了。笔者幼年时只听说某家当铺被聚众持械掳掠，叫作"抢当铺"，很少听说哪家当铺因经营不善而倒闭的呢。

谈完当铺该谈谈票号了，票号因为他主要业务是汇兑，所以称之汇票庄，又因为票号最初是山西人创办的，而票号十之八九都是山西人经营的，所以又叫"山西票庄"。

从前金融界称之为财神的梁士诒说过，中国什么时候有的票号，说者不一。现在虽然无案可稽，可是依据金融界老前辈传说，自从闯王李自成囊括剽窃所得金银珍宝，从北京狼狈西窜，藏在山西康家，后来因官中搜捕甚亟，他又流窜到九宫山，穷困交迫自缢而死，那批财富就悉数落到康氏手中了。

康家骤然之间变成上亿的巨富，于是操奇计赢，由华北而华中华南，他的买卖越做越兴旺，不几年，遍及全国各大都市。那些关系企业为了彼此支援，相互调度头寸便利起见，在山西太原城设立一家总票号，总绾财权。由于资金雄厚，运用灵活，一般商号，没法子跟他家抗衡，当然大赚其钱。本利相权，把营业地区，逐渐伸张到长江上下游，进而珠江、闽江流域，财势声势更趋壮大。山西一般殷商富豪群起效尤，到了后来，几乎全国各大乡镇都有山西人经营的票号了。

　　最早的票号是集中山西祁县、平遥、太谷三县的，大家都称之为"山西帮"，又叫"三大帮"。票号汇兑业务，虽然几乎被山西帮所垄断，可是久而久之，就有安徽合肥的李经楚设立了源顺润、义善源两家票号，云南昆明巨富李湛阳成立天顺祥票号，跟山西帮抗衡。徽李滇李两家在同治光绪年间鼎盛时期，全国各大商埠也都各设有分号达二三十处之多呢。

　　另外又有人说，康家的票号主要的业务是为自己关系企业周转融通，不能算是一家正式票号。第一家正式票号是乾隆元年（1736年）蔚盛长绸缎庄东家开的蔚泰厚，也有人认为蔚泰厚业务范围、组织结构，还是蔚盛长绸缎庄外柜形态，也算不上正式票号。到了嘉庆年间，日升昌颜料号开的日升昌票号虽然两家字号相同，可是财务独立，业务也是两不相侔，才是第一家正式票号呢。后来大德通茶庄、存义公布店、三阳木厂、乾盛永粮行，都认为票号容易发旺，货币商品可以彼此流通，相辅相成，除了本身业务外，都用自己匾牌增设票庄。大德通、存义公到了民国初年索性把自己的老本行茶叶庄布店收歇，一心一意经营起票号来，一直到卢沟桥事变前，大德通在钱庄业还是响当当的字号呢。

依据《中国财经沿革史》记述："担任中国海关总税务的英国人佛尔曼，日本经济学权威平生三郎在他们调查中国金融报告里都说过，中国的票号，不但内部组织严明，采用内外相互牵扯制度，跟欧洲金融机构企业化经营方式，无形中大致吻合。尤其在信用方面，颇令人惊诧，不管是多大款额，不管商品钱盘，有多大起落，说话算数（上海商场所谓'闲话一句'），从无拖赖情形发生。比起欧西国家，遇事必须立约签字以为凭信的做法，足证他们在商场上的信用，是令人十分信赖的了。

　　"谈到营业拓展，当年合盛元在日本神户、长崎、大阪、东西两京都有分号；蔚泰厚专做西北各省汇兑；大盛州、北安利除了做外人生意以外，库伦、克什米尔甚至印度的旁遮普都有他家分号；大德恒专事向南开拓，除了华南一带之外，远及老挝、越南、暹罗等国；大德玉是专做东北和俄罗斯生意的。"

照以上这段记载，可见当年票号规模、组织、信誉是非常受人信赖的。再看那些家票号营业范围，在那个时候，交通艰阻，能够披荆斩棘，悉力拓展到国际贸易，他们的精神毅力，实在不能不令人佩服了。笔者同窗好友任相枃是当年大德通票号的少东家，据他所知，山西票号三五人合资经营的占多数，独资经营的全国不超过二三十家。总之不管独资合资，一律是无限责任，股份有的一万白银一股，也有五千、三千、一千一股的。每年底作一次年结，满三年算一次大账，赔赚按股匀摊，统称银股。每家票号另有人力股，又叫"身股"，是奖励勤奋得力有功执事的。三年分大账，人力股都是优先分配，这跟现在倡导一般企业施行员工入股制度，又暗暗吻合。不过票号钱庄在若干年前，早行之有素啦。

山西票号用人，只限于山西同乡，有的用人范围缩小到同县，甚至仅用同一家族。

票号都是采用学徒制，学徒都是知根知底的十来岁的小孩，只要略通写算就成。照规矩三年零一节才算满师，要是聪明有为才堪造就，虽然没满师不能开工钱，只给购置衣履、日常零用，为了鼓励他上进，可能先给几厘身股，积了三年算大账按股分红，买卖越发达，利润就越厚，身股也跟着往上加，过不了几年，也可以衣锦还乡，盖房子置地了。

营业鼎盛自然要扩大范围，各处设立分号，新开分号掌柜的人选，必须首先考虑要派总号得力的伙友出任（除非实在没人愿去，才能外聘）。分号掌柜的，既然都是本乡本土的人，到外地去主持业务，当然更为可靠，可是有一个不成文的规定，无论是谁一律不准携带家眷。表面上是说把家眷留在当地，总号得就近照应，其实彼此心照不宣，谁也不敢耍花枪起黑票（拐款潜逃的意思），否则全家老小就是最好的人质。分号掌柜的在外，一切开销一律由柜上支应，就是个人开支，也都从柜上支销。每月薪资则由总号径送家中，在外三年任满，回到总号一交大账，如果账目清楚，营运得法，东家除了盛筵款待犒劳庆功之外，立刻增给人力股，可以说是衣锦荣归，回家去老小团聚，可以舒舒服服过上一段清闲的生活，然后再行调优，或是回任。照这样小心翼翼，做个二十来年，自己也就可以开庄立号挑起牌匾当东家了。

假如不幸在任上身故，他的身股盈利，只要票号存在一天，股息红利照送不误，遗族子弟如是应对便给，举动有度，能写能算有出息的好孩子，也可以入号工作。

这一套严谨务实的管理办法，只要能跻身票号，只要自己操持严谨，不出纰漏，职业既得保障，生活又能安定，甚至于这一生都不用为衣食再奔走担忧，就是死后还能荫及妻孥。在当年淳朴的社会里，谁能不兢兢业业把这只金饭碗捧得牢牢的，死心塌地黾勉奉公呢？

孔庸之先生是山西太谷人，他的上代就是经营票号卓著声誉的，他对票号有两句评语是："不督而动，不稽而检。"这两句话可以说是对票号鞭辟入里的评赞。

　　从清代乾嘉到庚子拳匪变乱之前，可以说是票号黄金时代，全国南北票号多达四十余家，山西票号就占了半数。其所以这样发达，不外当时交通尚未流畅，现金搬运困难，各省协饷都要解往京都，海外贸易日趋频繁，各项牙税征金的收解，还有各省摊派的限额外债，全归各大号划分区域，承揽包做，还能不皆大欢喜，家家发财吗？

　　可是好景不长，到辛亥革命、武昌起义，举国扰攘，人心浮动，武汉三镇立刻变为金融中枢，各票商的总号在运用调度上发生了周转滞涩现象，而各地分号有的清理账目暂停营业。这一停滞不要紧，立刻影响及于全局，这时候银行兴起，放款有明文规定，凭实物抵押，任何人都可以向银行借贷，与票号论关系讲情面的做法，迥不相同。银行存款分活期与定期、零存整付种种方法，尽量便利顾客。跟票号的老八板旧规矩，利息只给两三厘，甚或不计息，两相比较，自然票号生意做不过银行啦。加上世风日下，人心不古，放款方面，一下走眼，血本无归。银行存款方面利润优厚，一切手续照章办理，心明眼亮当然信誉日增，自自然然票号就被淘汰了。胜利之后全国各省已经不见一家票号了，连硕果仅存萧振瀛经营的大同票号也因时势所趋，改为大同银行啦。

闲话红白喜事儿

　　来到台湾差不多快三十年啦，每月总要接上十个八个红白帖子，所以详细计算一下，咱参加的大小红白事儿，可真海了去啦。日积月累，什么光怪陆离，不合窖性的事全赶上过，也许咱的思想太落伍了，有些事情实在瞧着不顺眼。就拿红帖子来说吧，咱曾经接到过一份儿男女双方都是有头有脸人物的结婚帖子，喜帖是特级加厚铜版纸，金字烫火漆，的确够得上精致漂亮，可惜帖子左上角印了"鼎惠恳辞"四个字，照字面上讲，人家办喜事不收礼，还能说错吗？可是咱只是在讣闻上常见这四个字。至于喜帖上印

"鼎惠恳辞"的，还是破题儿第一遭，话虽没错，但是总觉得有点儿别别扭扭的。

在大陆，谁家办喜事请您去证婚，那您一定是位德高望重、社会上知名之士，或者是男女双方尊为泰山北斗的人物。照规矩，您只要送贺礼喜幛一悬就够啦，如果您跟本家私交深厚，那就另说另讲了。账房儿一看是证婚人送的喜幛，一定只留下幛款儿，喜幛退回，另用自备喜幛，别上证婚人幛子款儿，高高悬挂礼堂中央，因为这档子喜事，您已经给本家儿帮忙添了光彩啦，哪还能够收您的贺礼呢。

想当年证婚人是证完婚下台就走，没有等到礼成，跟大众一块儿入席大吃大喝的。证婚人不入席本家儿可不能缺礼，跟着就是一桌酒席，或者是等值的筵席票，立刻送到证婚人家里去。任凭人家怎么处置，本家儿礼数尽到，就什么都不用管啦。

在台湾要是有人请您去证婚，那可灾情

惨重了。您送什么人家就收什么，您送份金多少人家就收多少，碰巧人家是慕名而来请您福证，您对新郎新娘的家庭状况、学历工作拢总莫宰羊（不知道），办事的人再一疏忽，没给您递个小抄，那您上得台去，自然是"人伦之始，乾坤定矣，天地交泰，佳偶天成"乱盖一通。碰上介绍人言简意赅，主婚人简单扼要，来宾致词也能善解人意三言两语鞠躬下台，那就真要念声南无阿弥陀佛了。假如碰上日干不顺，介绍人是个碎嘴子，唠叨没完，主婚人致谢词又过分周到细腻，再加上新郎新娘交游广阔，来宾一个接一个说个没结没完。双喜字霓虹灯在后脑勺这么一烤，既然给人证婚嘛，当然是衣冠齐楚，不是蓝袍子黑马褂就是西服领带，等到司仪一喊证婚人退，您一鞠躬下台，人都快烤焦了。就是鱼翅燕窝美味当前，您还能有胃口吗？

礼成入席，本家认为恭维大媒，把证婚人跟新郎新娘让在第一桌同席，不知道是什么人出的幺蛾子（主意），把新郎新娘往首座上一搡，而新娘新郎也就居之无愧，大马金刀双双昂然入座。跟着伴郎伴娘金童玉女挨着新人一边一位，说是便于照拂新人，然后把证婚人往座位上一塞，当然再次就轮到介绍人啦，双方家长反而坐了下首的主位。照礼说新人在结婚证书上一盖印章，婚礼告成，双方家长，一方面是泰山泰水，一方面是公公婆婆，如果说长幼有序，新人此时应当退居主位，对证婚人介绍人表示谢意，对双方家长，首次婚后同席，也应当稍尽妇婿之道呀。可是现在婚礼，反其道而行之，以宾为主，以主为宾啦。新娘子穿着礼服拖拖拉拉地入席，当然非常不方便，换件便服入席敬酒，原本是无可厚非，可是愈来愈出格儿。一顿饭新人真有换个四五套衣服的，要是存心耍派头，摆阔绰，还不如把新娘嫁衣全部拿出来挂好，来个时装展览那有多好，一套一套地换有多麻烦呀。

办喜事当然新郎新娘是主要目标啦，不分男女老少，凡是关系深，有交情，够面子的诸亲贵友，少不得都要来这桌上敬敬酒。这一来不打紧，这桌的客人可就惨了，一拨又一拨地来，全得站起来比划比划，您就休想消消停停吃两箸子菜了。等新郎新娘各桌敬完酒，刚一坐下，有的性急客人吃饱喝足已经起身告辞，新人又忙着站到门口送客，这顿酒席您要是没吃饱，那还是赶快回家找补一碗开水泡饭吧。

再谈谈办白事的吧。办白事讣闻的花样最多，有人说没有不出错的讣闻，那是说多么仔细，讣闻总会有点错，可是也不能太离谱儿呀。讣闻咱见过最长的，是当年宣统的老师南海梁鼎芬故后，门生戚旧给他拟的讣告。往时还不兴什么治丧委员会，也没有一来印上几十上百个的治丧委员的讣闻，可是幕后出主意的遗老遗少也不少。他们把宣统赏赐给梁太傅的物件荣膺上赏，全部登入讣闻，小至端午节赏樱桃桑葚，腊月初八赏腊八粥，真是巨细靡遗，蔚为大观。讣闻用蜜黄纸木刻版扁宋字，封套上用红盖蓝的封签，厚厚实实像本木版书。这是所谓正统的官式讣闻了，虽然够冠冕，可是不算讲究。要说讣文印得讲究，那要算上海富商犹太人哈同的了。哈同的讣文不但是集南北讣文之精华，而且华洋悉备，措词是蔫丽怪语，兼而有之。至于后来敌伪时期，在北平去世的孚威上将军吴玉帅的讣闻，虽然请了若干礼俗专家悉心研究才印发的，但是跟梁太傅、哈同的讣闻来比，仍然是瞠乎其后。

现在时常收到一种讣闻，开头是先父先母，可是领头出讣闻的是杖期生或者未亡人；开头是先夫先室，领衔出讣闻又变成不孝男女或孤哀子女啦。这种首从不分的讣闻，可以说所在多有，报上也数见不鲜。子女出名的讣闻，印上"鼎惠恳辞"是丧家的谦词，可算是悉中规矩，如果是死者子女幼小生活困难，由治丧委员会出面，在讣闻印上"花圈挽联悬辞，如蒙赐唁请改现金充子女教育费"，诸亲友贵友冲着死者，为了活着的家属改送赙金，那是义不容辞的。可是现在居然有孤哀子女出名的讣闻，也印上"花圈挽联悬辞"，您要是接到这样一份讣闻，细一琢磨您说心里是什么滋味。

现在还有一件特别事，就是父母去世子女都写副挽联，悬挂灵前，老伴死啦也得写副挽联挂挂。想当年南通张三先生季直故后，孝子张孝若写了几首哭父诗挂在灵堂，被一班父执们看见，愣把张孝若大训而特训。一个惨遭父母之丧，正时罪孽深重，不自殒灭，祸延考妣，语无伦次的时候，哪有闲情逸致，平平仄仄来做诗呢，你是状元儿子，不能闹这个笑话，于是立刻把张孝若有血有泪的哭父诗拿下来撤换了。现在能自己做副挽联哭哭爸妈的恐怕百不得一，这种事，要怪办事人员不学无术，人云亦云，莫名其妙地胡来乱搞，驯至蔚为风尚啦。

台湾礼品店，有印好挽幛幛光跟上下款纸条卖的，印好的幛光当然不外是"哲人其萎""福寿全归""母仪足式"这一类的词句，最特别的是有印"今之古人"的，咱在大陆没见过有人用"今之古人"四个字的。跟台湾各位硕学通儒请教打听，也没有哪一位说出个所以然来。还有祭幛下款，有用朱笔先写上"阳上"两个字，是否怕阴阳交通，三缺一请了去打四圈麻将，所以用朱笔写上"阳上"以资辟邪，同时表示阴阳路隔，咱们两不来哉呢？

咱小时候上书房念书，老师先教做对子，然后慢慢学着做喜对寿联挽联顺序渐进。等学做挽联，第一先告诉你，上款的称呼活人的名字不能上挽联挽幛，如果是位平辈的堂客，姓什么就写什么嫂，可不能把亡者先生的台甫某某仁嫂也写出来。咱有一次参加一位银行经理夫人的丧礼，居然看见一副挽幛，上款居然写着"某某经理夫人千古",不但活人名字上了挽幛,而且对女性的挽幛,用千古的似乎也很少见呢。

按礼说吊丧送殡,是哀伤悲泪的场合,气氛应当是肃穆凄清的,现在可好,您要是到殡仪馆随份子,越是大场面越闹猛。有些交友广阔、事业繁兴的大人先生们,一进门,东也点头哈腰,西也握手鞠躬,不是谈股票,就是讲牌经,开个玩笑,打个哈哈,促膝倾谈交易,握手联络感情,拿"吊者大悦"四个字来形容当时的情景,真是再恰当没有了。所以咱每到殡仪馆去吊祭送葬,尽量避免跟大家周旋,等着上祭,只有看看祭堂里悬挂的那些林林总总的祭幛挽联,打发时间,有时候无意中真能发现令人意想不到的奇文妙句。

有一次咱参加一位潘姓首长令堂丧礼,祭棚里挂满了挽联幛轴,信步看来,发现有一副挽幛,居然写的是"步步生莲",想了半

347

天才领会丧家姓潘，所以用潘妃步步生莲典故来切合姓氏。可是咱记得潘妃是齐东昏侯妃，凿地为金莲花，令妃行其上，说是步步生莲。齐亡梁武帝把她赏给田安启，潘妃不从，自缢而死。用这个典故切姓潘的，不但有欠妥当，而且简直有点骂人。后来跟一位本省饱学之士李勺园先生请教，他老先生也看见过一副步步生莲的挽幛，送挽幛的还是他启蒙的学生，后来他问这位学生怎么想起用这四个字，学生说是从《对联大全》女用祭轴切姓栏抄的，结果对证原本一点不差，可见这些乖谬错失，也是源出有自的，咱又能够说什么呢。

谈谈红白份子

　　北方人管喜敬寿礼奠仪，统称红白份子；虽然喜事丧事都送份子，可是繁简厚薄，就大有差别啦。白事份子大家都一向从重，因为遭遇丧事的人家，事变之来猝不及防，忝列姻亲友好都应当克尽己力，共襄大事，让生者能够从容料理，死者早安窀穸。办喜庆事就不尽然了，无论娶媳妇、嫁女儿、做生日、办满月，事先总要合计合计有个打算。你家喜溢门楣驾福乘喜，自然应当破费破费，很少人还要从中捞摸几文的。当年韩紫石先生在苏北姜堰过生日，远地亲友前来道贺，一住十天半月，食宿招待不说，临走时单价船票都要替贺客付清，已经就很可观了。北方生活淳朴，但是家有喜事，招待亲友却是毫不吝啬的。笔者世交钱子莲世丈过七十正庆，他住在杨村附近落岱，当地只有两家小客栈，全由他包下招待亲友，还是不敷分配，只好打扰有富裕房子的邻居借住，被褥不敷用，派专人到北平出赁三新棉被买卖家去租。有人全家大小七八口来拜寿，一住就是好多天，问他送了多少钱的份子，不过戋戋大洋一元而已。因为早年主客的想法跟现在迥然不同：主人家认为既然是我家的喜庆事，天经地义我应当破费几文招待来宾；来客心里想，既然有交情够得上全家来道贺的，我来是站脚助威，人情比礼物要贵重，份子送多送少反倒无所谓了。

现在办喜庆事，主人客人的想法，跟以往的想法正好相反。主人家要热闹办喜事，目的在撒网打鱼，办完喜寿庆事，总要剩下几文；良心好一点的，认为办事不赚点已经算客气了，总不能让我赔钱吧！而现在吃喜酒寿酒的贺客也好，先替主人打算一番，一桌酒连烟茶小费一包在内要花多少钱，一人参加，或夫妇两人参加，应当送多少份子主人才不赔本。如此一来，办喜庆事的人既然心怀坦荡，无虞赔本，于是管他新交旧好、生张熟魏，红帖子满天飞。有钱没钱讨个老婆过年；小孩满月要开汤饼会；拙荆三十岁生日不做不发；双亲生日不热闹一下，怕人家笑他不孝；新居落成不请几桌酒，显得自己不够气派。于是忝属姻亲，或谬附知交，就灾情惨重矣。

　　记得宋明轩先生主持冀察政务委员会时期，政界风气可算清白淳朴，只有一桩，就是红白份子太多。有一位财税机构处长级主官瞒了原籍太太娶小纳妾，有些捧狗腿的人，给他订了福禄寿财富五种份金，我们处里同人有七八十位，平均每人要摊份金四元之多。在当时一块钱可贺一百枚鸡蛋，四块钱的份子，未免嫌太重了一点，何况又是纳妾。我于是婉谢了拿份金簿来请人写份子的朋友，另外派人到东安市场杨本贤专门买卖礼幛的铺子，买了一整匹大红印花绸子，做了上下款把全处七十余人一律写上送去。他在聚贤堂办事，把三面楼栏杆用红绸喜幛一围，既醒眼又大方。我们同人坐了六桌席，足吃足喝每人份金不过花了四毛多。整个委员会一千多人，人人都憋着一肚子闷气，我们要了这一招儿，会里各厅处同人，无不称快，虽然做得促狭点，可是从此会里风习为之丕变，居然把撒网打秋风的恶习、乱发帖子的风气硬是纠正过来。当时财务处处长张剑侯跟我说，这样一来，财务处的同人借支立刻少了许多。这一举措可算对同人一个德政。

办喜事请人证婚，早先在大陆证婚人必定是送喜幛一悬，照规矩主人家只收幛子款，而把喜幛璧回，因为已经烦劳人家证婚，不能再收人家贺礼。婚礼告成，证婚人退席之后，立即车送回府。除非有特殊关系，证婚人很少有坐下来入席的。大陆饭馆的堂倌，都有这个训练，一看证婚人退席，一定跟过来问清住址。照早年规矩，办喜事必定有一桌酒送证婚人，接着问明酒席哪天送，是送到府上，还是到馆子里来吃，这是当事人对证婚人的一点谢意。现在办喜事的，管你证婚人送什么贺礼一律照收，婚礼举行过后，把证婚人跟介绍人、男女傧相、新郎新娘、双方家长，往中间席上一让，来个大杂烩，也不知哪位诸葛亮出的馊主意，还把新人夫妇让在首座。古人说："新人入洞房，媒人扔过墙。"现在还没入洞房，就把证婚人、介绍人一股脑儿备位下座了。照理说婚礼告成，新妇已成进门媳妇，大马金刀坐在上席，让父母公婆屈居下位，已经有欠妥当，再让证婚人、介绍人一并陪起陪坐，细想起来实在有点差劲。于是有些有心人吁请"内政部"赶快订定婚丧喜庆礼仪规范，可是喊了多年始终未见颁订，所望快马加鞭，早日实现，让大家有所遵循就好了。

前两天，文随波先生在本报谈殡仪馆的灵堂外摆满了花圈花篮，灵堂里挂满了挽联挽幛，不但靡费，而且白糟蹋笔墨白布。我的看法是能送鲜花做的花圈花篮，还能给灵堂带来丝丝缕缕花香迷人的气氛，送副联幛，不管跟亡人生前交情如何，总要诌上两句以表哀思。不晓得哪位高明之士，想出用塑料花做花圈，送者一文钱不能少，受之者毫无所用，最后又回到殡仪馆，黄菊花变成灰菊花，蕊残瓣落，实在惨不忍睹。丧事办完，这批塑料制品掸掸刷刷又成了串百家门的礼品了。

近年办白事又有人发明送花车，车是三轮四轮皆有，七拼八凑光怪陆离，反正能跟着送行行列开动不抛锚就行。当然租车扎花，比花圈花篮价格又昂贵靡费多了，像送副挽联，如果真是情文并茂，虽不能传之千古，但至少还让吊者看看一生一死交情如何，似乎比这种塑料花圈花车不华不实，还要稍胜一筹呢！不知大家以为如何。

台南民俗展婚礼服饰谈

这两天，台南市正在举行民俗文物展及各种民艺活动，耗资在千万元以上。苏南成市长这种魄力，这种手笔，实在是令人至感钦敬的。节目中有一项最受人瞩目的是古代结婚礼俗，据报纸刊载，这是一项具有三百年前中国江南传统婚嫁的仪注。这种清代初年江南婚礼的规范，虽然渴欲一觇昔年景象，可惜年近岁逼，杂乱纷呈，竟然匀不出时间抽身南游，只有徒呼负负而已。

二月十四日报上刊有"迎亲""拜堂"两张照片，注明"三百年前中国江南婚礼"。图一是新郎跨下骏马，在旗锣伞扇引导之下，鼓吹前进。现在时序，虽已立春，尚未雨水，一般人应当仍着冬裳，未易夏服，执事人等就先戴上凉帽（正名叫"苇笠"），未免太早了一点。图二新郎头戴铜盆帽，鼻架黑框眼镜。铜盆帽是民国初年产物，三百年前江南人所戴礼帽，绝非铜盆式可以断言；至于玳瑁边眼镜，笔者幼年所见与新郎官所戴眼镜款式也不相同。当年晚辈见长辈，部属见长官，必须脱帽摘眼镜然后行礼致敬，花烛拜堂岂有不脱帽不摘眼镜之礼。新郎官挂彩披红，古已有之，不过披红也有说法，新郎应当双挂彩绸，前后各有一朵彩球，傧相司仪赞礼人等才是单挎彩球呢！

　　新娘子的盖头，要用靛黼绮绣，璎珞四垂绸质方巾，主要的是不掀盖头，无法看见新娘妖媚婀娜的花容月貌，同时也表示新人宝相内莹，增加几分神秘感。新娘礼服由清末到民初变化甚多，三百年前当然代有新裁，不过腰横玉带是京剧宫装，为了锦绮粲目、

柔丽鲜美的陪衬，请想新娘登舆落轿，金钩
髁带有多不方便呀！

余生也晚，三百年前的新人的服饰，自
然未能亲见，不过证之古籍图片，以鉴清末
民初婚礼实际情形，尚摩登甚多。此次民俗
文物展，已属各县市中一项创举，可是历史
是讲究求真求实的，特就所知写点出来，聊
供下次举办这种特展的参考。

北平人办丧事

北平从元代到民初，七百年来都是国都所在地，对办丧葬大事有整套办法，一板一眼都有条不紊。

先从病人临危说起。病人一喘气，眼看灯尽油干，病家就要先让杠房（北平杠房就是棺材铺，卖棺材、开吊、出殡都由它承应）送吉祥板儿来。吉祥板儿就是红漆没床壁的木板炕床，外带一条床围子。

一般人家要在病人咽气之前，替他净净身子，穿上寿衣。据说不早点穿，死后就带不走啦。念佛的人家就不同了，病人临危时，所有在眼前送终的人一律高声念佛，不准哭泣，说是一哭，激发垂危人的七情六欲，就不能往生极乐，转入轮回。要等病人死了，再换穿寿衣，抬到吉祥床上停放妥当后，才能号啕大哭，举哀尽礼。

请阴阳开殃榜

死者一停好，丧家第一件事是请阴阳生。在清代，阴阳生是归僧纲司管辖的，民国时隶属卫生局。阴阳生也各有辖区地段，不能越区。阴阳生先发给丧家三寸来长、一寸多宽刻上木戳的黄纸条，写上如"三槐堂王"等字样，贴在门首。阴阳生看到他的堂名帖，才敢进来。阴阳生一进门，先看亡人的手指，他一看就知道是什么时候掉的魂，哪一刻咽的气，入殓应取什么时辰，忌什么属相，哪一天出殃（又叫"回煞"），煞高几丈几尺，有什么忌避。他把这些都写在殃榜上，殃榜开好就放在亡人胸前，压上一个小镜子，据说这样可以避免诈尸。接着给亡人盖上蒙头纸，点上倒头灯，供上一碗倒头饭，饭上插着一个用面裹成的棒儿，说这是亡人过恶狗村的打狗棒儿。如果家里有匾额或穿衣镜等，一律要用黄纸封起来，朱红大门也要用黑漆油盖起来，然后要叫棚铺来搭棚。

搭棚是北平棚匠的一种绝活儿，他们搭棚既不用刀凿斧锯，更不用挖坑栽桩，他们用沙槁为梁柱，用麻绳儿为经络，加上一领一领的芦席，就搭出高起脊、前出檐、后见厦的蓝花素鹤大玻璃丧棚了。

北平办丧事，人死三天叫"接三"。这天要念经，烧楼库，放焰口（超度亡魂的仪式）。至亲好友没有赶上送殓的，在接三这天一定要来致祭一番。所以接三在北平是个大典，棚铺搭的棚一定要在接三的和尚上座之前报齐，否则这买卖就算砸了。

竖大幡早晚吹打

北平杠房一送了吉祥床，杠房就派人留在丧宅支应。人一咽气，如果本家是旗籍，杠房立刻运来一人高的红漆大木架，竖起三丈多长、一尺多宽的平金大幡，八旗又各有各旗的标志。如果本家不是旗籍，那么杠房就送来一对一人多高的门鼓、一对唢呐、一锣、一磬，有四位吹鼓手在门道摆开。官客来时要打鼓，堂客来时就吹唢呐。每天日出而来，吹打一番叫早吹。日没再吹打一番，一直到出殡，金棺上大杠后，他们才算任务终了。

死者入殓分高殓和低殓两种。低殓是把棺材平放地上，将死者抬入棺内，再由杠夫架在灵堂正中间停放棺材的黑漆长凳上。高殓是先将棺材停放长凳上，两旁各放一条长门凳，由家人亲属用宽布带托衬。在衾褥底下，半托半曳，把尸体高举进棺。尸一离床，杠房立刻有人把吉祥床往地上一掀，床板散落，哗啦一响，说是破除厉气。

北平棺材分满材、汉材和行材三种：满材是凸出一块葫芦形厚木板，尺寸稍大；汉材比较细巧；行材是人死在异乡准备盘灵回籍安葬用的，尺寸更小巧，也特别结实。在北平，满材和汉材一律不讲究加漆。南方棺材是裹一道夏布，加一遍漆，加得愈多愈好。北平棺材无论是杉木十三圆、金丝楠木甚至老年阴沉木，都要露着白茬儿，让人一瞧就知道是用什么木料。棺材里先放石灰包，再加上各式各样香末口袋，可以吸湿去潮，防止尸水外溢。

大殓时，先由孝子、孝孙给亡人开光。事先要备妥一碗无根水和干净棉花，由孝眷将亡人七窍都用水洗擦一下，然后把水碗往外一掷摔得粉碎，再把珠宝珍玩等殉葬物品安放入棺内，由棺材铺派人来封棺。封棺是用木制包头钉来钉棺，匠人封棺，孝子要高喊"躲钉",表示提醒亡人。封棺完毕,大家再正式行礼举哀。

孝服是笔大开销

北平人办丧事要印讣闻分告亲友,料定至近戚友要在大殓前亲来探丧的,得先送报丧条去。报丧条都是单张的,用有光纸石印,写明×××于×年×月×时去世,择于×日×时大殓;下款是××堂账房禀报,下注"交门房口回",表示这是不吉之事,不能直达人家堂奥,右上角还得用红纸粘上人家地名和官称。

此时孝子真正是罪孽深重,见了人无论尊卑长幼,就得磕头,据说头磕得越多,越能给亡人免罪,说穿了也无非是让丧家尽孝尽礼罢了。孝子还要给亲戚们送孝,有粗布孝服和细布孝服,关系越近的亲戚穿的孝服布越粗,关系越远布越细。大户人家尤其是旗籍，发孝服也是一笔大开销。家里下人无论男女一律发粗布一匹，男丁穿青布靴子，夏天穿白苇裢，秋冬穿黑布秋帽；妇女各发一份儿白簪子。做七那天，一念经，丧棚里一片白色素服，真有庄严肃穆的气氛。

开烟火奠酒

在丧礼中，接三这天举行第一个大典。这时候灵柩安好了，灵位加上绣寸蟒大罩，供桌前要供香烛、长命灯，还供烟、茶、香花和水果。第一桌供菜，要等姑奶奶来供，叫作"开烟火"，然后别人才能用祭席来上祭。这一天，院子三面有台阶的月台也搭起来了，地毯也铺上了。供桌设置一份珐琅烧素花的奠池，左边放酒盅，右边放着一把细脖子、长把儿的酒壶，下面放着一方黑布拜垫，上面盖着一条红毡子。

官客来吊祭，应当先把红毡子掀起，然

后跪在垫子上磕头（铺红毡子是孝家表示不敢当，掀红毡表示吊者尽礼）。丧家有两位穿孝服的执事各在左右跟着跪下。左边执事酌满一盅酒，交给祭人，祭人举杯后把酒洒在奠池里，把空杯交给右边执事。如此三献三叩首后起身入帏，向孝子致唁，退出来就有招待人员招呼入座或入席了。

还有一种吊祭叫"高奠"，例如长辈对晚辈、有爵位的王公对一般官吏或者皇上派的内监大臣来吊祭，都不行跪拜礼。他们要站在灵前奠酒，就得高架奠池。这种礼仪到了民国十三年宣统一出宫后，大家都渐渐淡忘了。

念 经

北平有排场的人家办白事都要念经，经分和尚经、喇嘛经、道士经、尼姑经，还有居士经。经是论棚算，念三天经，放一台焰口算是一棚。喇嘛的念经衬钱最贵。白塔寺、雍和宫的喇嘛都应佛事，他们穿黄缎子靴帽袍套，念起经来讲究一口气念二十来字，把脸憋得像紫茄子一样。大喇叭拉出号杆有一丈多长，大神鼓也有四尺见方。谁家办丧事一念喇嘛经，左邻右舍就别想睡觉了。

念道士经讲究请白云观的道士，他们戴绣花鹤氅、黑缎子道冠，在灵前一转咒、一拜忏，神气极了。

念尼姑经的以三圣庵最有名，出来应佛事的尼姑个个都是唇红齿白，头皮泛青。年轻的尼僧念一棚尼姑经，衬钱虽然不多，佛事的名堂可不少。北平有身份的人家最忌三姑六婆，请念尼姑经的并不多。

北平大小庙宇几百座，大概半数以上都应佛事，超荐亡灵。要请道高德重的高僧大都请法源寺、拈花寺的僧众来超度。如果讲排场、论气势，那要数北新桥的九顶娘娘庙了，他们是子孙院儿，不忌荤腥，可以娶妻生子。住持心宸大和尚的嗓音洪亮，身材魁梧。他们念三天经，棚里挂的刺绣佛幡要天天换新。心宸每天必定亲自拈香转两堂咒，每转一堂咒，换一堂绣花袈裟，的确花哨醒目，不同凡响。从前凡是跟丧家有深交的，尤其是舅老爷姑奶奶一类内亲，讲究送经和送焰口，事前都要打听清楚，可别跟九顶娘娘庙的经碰上了，否则相形之下比不过人家。

居士经多半是跟丧家有交情的信佛朋友自动凑的一棚经，人数或多或少，甚至茶水不扰。等到孝子办完丧事后再亲自去谢，还附带送点茶叶表示道谢。

放焰口送护食

超度亡魂最注重放焰口，丧家只要能力所及，都要接个三，放台焰口。讲究的人家要搭三面高台，分"高座"和"鬼脸座"（即平座）来对台放焰口，喇嘛、和尚、道士、尼姑和居士各放各的。记得当年宣统业师梁节庵先生去世，做"五七"时放了六台焰口，一会儿转咒，一会儿跪灵，把孝子梁思孝整惨了。

和尚、喇嘛放焰口都要洒甘露法食，法食又叫"护食"，是蒸出来的大小形状不同、点上红绿颜色的小馒头。护食架子有的三层，有的四层，顶上层有木宝塔，护食就供在塔门之前。护食一到，供奉灵前，焰口一上座，茶师傅一请护食，男女吊者就可以来取护食，据说拿回家给小孩插在床头上，可以压惊辟邪。在请护食之前，首座僧侣一边念咒掐诀，一边把护食掰碎，往月台上掷，表示施舍甘露法食，让孤魂野鬼来领受。

另外还有一种叫"传灯焰口"，事先由铺派（和尚派来的执事）在经座上按好两条带棚工的引线，各系一尊一尺来高的彩衣仙童，每人手捧灯碗一盏，等焰口一上台，孝家众亲都要绕着棺材而跪。焰口放到某一阶段，捧着灯碗的小仙童就顺着引线而下，送到灵前，由跪在第一位的人接过灯碗磕个头，传给第二位。如此传绕棺材一周，再将灯碗放在下手仙童的灯盘里头，外线冉冉而去回到法坛，周而复始，叫作"传灯焰口"。据说这种传灯可以烛照幽冥，接引亡人早登极乐。放一台这种传灯焰口，比普通焰口价钱要高得多，普通人家办白事是不容易看得到的。

糊冥衣是一绝

北平的小户人家遇到子孙满堂的老喜丧，和尚一高兴有用锣鼓打起花点儿，外带唱小曲儿的。梅兰芳唱《邓霞姑》有一场放风滚焰口，虽然有点儿唬人，可是这宗事也不能说真没有。

提起北平的糊冥衣，真可以说是一绝。冥衣铺门口的招牌大半都写着"车船轿马""寿生楼库""金山银山""细巧绫人"，凡是天上飞的、地下跑的、河里浮的、草棵里蹦的、楼台殿阁、山水人物、一应家庭用具，只要点得出名堂，他们就能惟妙惟肖地给糊出来。有一位老太太一生别无所好，就是喜欢摸几圈。她一过世，生前牌友公议要给老太太糊一精致小巧的苏式麻将牌，让老太太在阴间解闷儿。听说这副牌是请北平糊烧活儿的第一高手郭崽子糊的。看过这副牌的人说，如果不说是纸糊的，谁也看不出牌是假的。

当年吴佩孚故世，随从照着他生前用的一张上铺夏布垫子的紫檀炕床糊了一份儿纸的，搁在丧棚里准备出殡的时候焚化。不料有一位莽撞的吊客行完礼，一看棚底下有座炕床正好歇歇腿儿，一屁股坐下去，炕床当然立刻报销了。

一撮毛无人不知

凡是够排场的丧事，就会有个一撮毛儿

的人来当差。他一进门先奔账房，掏一个素封，上写官吊四色，其实是秀才人情，一毛不拔。跟着到灵前磕头行礼，领份儿孝服靴帽。从此逢七有经忏，他是风雨无阻，跟着用人吃中桌（北平办红白事，用人开四盆四碗席叫"中桌"）。这位一撮毛儿先生可以说是北平六九城中无人不知、无人不晓的，他究竟姓什么叫什么，知道的人恐怕不多。据他自己说他叫王得胜，是蓝锭厂旗籍，年轻时候无知，喜欢用铁标撂人家放在天上的风筝。久而久之，他的腕力越来越强，索性专门给办丧事人家撒纸钱儿了。

撒纸钱儿

全国各地只有北平出殡有撒纸钱儿这一说。灵柩凡是经过城门洞儿，或是经过十字路口、路祭棚以及庵观寺院，都要撒纸钱儿。

所谓"纸钱儿"，全是白报纸做的，碗口大小，中间榨个四方窟窿眼儿。一撮毛随殡撒一通纸钱儿，大概是合洋白面两袋半到三袋的价钱，若不是六十四人的大杠，还请不到一撮毛，一撮毛撒纸钱儿比别人撒纸钱儿都费。他随殡总是带着两个徒弟替他提着竹筐，竹筐儿里放着纸钱儿，上头盖着一块湿手巾。后头跟着一群小叫花子，随地捡天上飘下来的纸钱，再用麻筋儿穿起来。一撮毛的徒弟们常趁人不备把筐里还没撒的纸钱儿打塞给小叫花子们，等出了关乡，到旷野荒郊，一撮毛就向本家账房伸手要钱补充纸钱儿了。此刻上不着村，下不着店，账房只有捏着鼻子让他宰，托他代办。他一会儿工夫把小叫花整理好的纸钱儿又拿出来，现大洋也进了他的腰包。北平的杠房是别的任何一省比不上的，东城最有名气的是恒茂杠房，西城就是日升杠房。北平管抬棺材的叫"抬杠"。别看抬杠的人一个一个脏兮兮不十分顺眼，不是行家还真当不了这份儿差。北平有句土话说："抬杠比打职事儿的挣得多。"

油杠包绳

依北平的规矩，十六个人抬的棺材够不上用官罩（一块绡片搭在棺材上启灵），二十四人抬的才将就用官罩。一般人死了最多用到六十四人抬杠，皇妃用八十人杠，皇后用一百人杠，皇帝才能用一百二十八人的大杠。抬杠的人要剃头，穿靴子。大杠要现用红漆和金漆重新油漆，抬杠的杠绳要用新红布重新缝裹（行话叫"油杠包绳"）。

抬杠的杠夫全是些好吃好赌的苦哈哈，剃头钱早赌输了，发的靴子进了当铺，等到启灵之前，打香尺的人（总管）一检查，只好临时叫剃头挑子免费替他当街剃个一干二净，靴子也只有替他们赎回再穿了。

晾杠演杠

杠房如果承应的是六十四人的大杠，十之八九必定油杠包绳，杠房一定要在马路旁边宽敞地方铺上新芦席，把大杠和官罩陈列起来，四角插上杠房的号旗。这一方面是替丧家摆场面，其实是给杠房做宣传。晾完杠后，要把大碗抬起来，中间用三红碗盛上九分满的水放在官罩里的托板上，抬着从一个牌楼到另一牌楼是一个来回。本家派人跟着演杠，验看一下这碗水溢出来没有，当然也得另外给赏钱的。

如果用四十八人抬杠，就可以大换班了。所谓大换班，是九十六个人分成两班，一班四十八个人，用绿驾衣和蓝驾衣、红帽翎和蓝帽翎来划分，一声"换班儿"，立刻蓝的全下，绿的全上，整齐划一，真不输现在的仪仗队。

北平抬杠的有一行规，棺材一启灵，一

直把棺材抬到坟地落坑下葬，棺材才准着地，或者先在哪个庙里停灵才能落地；假如中途落地，这通丧事就算杠房的啦！

杠绳，不管是大扣或小扣，一律都得是活扣，讲究一抖搂就开。听说从前有一个德国人特地到杠房去学怎么样打活扣杠绳，后来把这个打活扣的方法传给了德国童子军。

打香尺的

出殡不管是大杠或小杠，都得有个总管，就是打香尺的人。一个打香尺的人指挥几十个人，既不叫一二三，也不喊口令，只凭他手里一根木棍儿，敲打另一块红木尺，把节奏分出快慢高低，就是指挥信号。凡是抬杠的左肩换右肩、右肩倒左肩、进退急徐或中途换人，全都靠这些信号，每个人也辨得很清楚，真不能不令人佩服。

出殡中当执事的人不需要什么技术，所

以人品很杂。当小曬儿的一定要十四五岁的小男孩，在脖子上挎着一个红托盘，上面钟磬鼎彝香烟缭绕，嘴里一律喊着"哦""唔"，还有一些架苍鹰、牵细犬、拉骆驼的人都要猎人装束，也得有些威武劲儿。扛挽联、打着十八般武艺的就男女老幼兼收，这可以让一班苦哈哈混上一顿窝窝头吃，也算是积德行善。

两百四十个杠夫护送国父灵榇

国父奉安大典时，灵榇从西山碧云寺到北平前门外东车站，是用的一百二十八人大杠，由北平西长安街日升杠房承应。官罩是银灰素软缎绣着青天白日党徽，既庄严又素雅。两根大杠鬃上白色亮漆，大杠柱头也漆着青天白日，官罩宝顶用宝蓝色油漆打光。金棺所经之处，大家含悲肃立，真是鸦雀无声。

当时日升杠房是左挑右选，集中了北平

所有一等的年轻力壮的杠夫二百四十人，从北平一直送到南京。当时的浦口火车过江用的轮渡还没做好，沿途灵榇上下火车，过长江轮渡，上几百台阶的紫金山，都是这班杠夫一手承当的。一路上灵榇四平八稳，安若泰山。这班杠夫走这趟南京不但钱挣足啦，回到北平一开唡就老半天。日升杠房的两根白漆大杠也始终竖在杠房的罩棚底下，表示"日升杠房是见过世面的大买卖家儿，你们瞧瞧这两根大杠"。

什么是吉祥板

　　高阳兄在十二月三十一日所写的《曹雪芹别传》中谈道："雍正五年（1727）八月初的一天傍晚，宫门已经下锁，突然奉到敬事房首领太监通知，传一副'吉祥板'到皇子所居，在东六宫之后的'乾东五所'；才知道皇三子弘时暴死。"

　　当天中午就有高雄读者邹君打电话来问我："吉祥板是否就是寿材，抑或另有其物？"吉祥板现在知道的人，除了老北平，恐怕不会太多了。清朝皇帝龙驭上宾，穿好寿衣，停在吉祥板上，后宫妃嫔以及王公近臣，才能哭临举哀。吉祥板不但皇家使用，就是一般中产以上人家，亡人在未入殓之前，尸体也是停放在吉祥板上举过哀等吉时入殓的。

北平的杠房（类似现在的殡仪馆，代办丧葬事宜），凡是谁家有人病危，只要到杠房说清地址，马上就有专人把吉祥板送来。吉祥板是一具红漆的木状框，中间是七块木板拼起来的，四周还套上绣寸蟒的围子，丧家铺上入殓的被褥，等病人咽气沐浴更衣后，才往吉祥板上一抬，头西脚东，然后停放起来。等候吉时入棺，杠房就有人等在丧宅伺候着，只要等人往棺材里一放，他立刻撤下床围，竖起床框，床板啪啦一响，他立刻把整份吉祥板撤走。他之所以如此尽心，照杠房规矩就是叫了哪家杠房的吉祥板，从接三、起往、伴宿、出殡，这一宗丧事，统统归哪家一手承应，别家杠房就不能再插手了。先总理灵榇自北平碧云寺奉安南京紫金山抬杠打执事，原已商妥由日升杠房承办，后来有几家杠房，也打算插一手，终因日升所绣青天白日官罩所费过巨，经警察局出面斡旋，才归日升独家承应。这种历史名词，再过几年，连这个名词也没人知道啦。

饽饽桌子

这种汉地点心，现在吃过的人，恐怕不多啦。满洲人自从进关入主中原，所有郊天祭孔，一切全部遵循历代相沿仪注，所有献礼祭器食命、捭豕燔黍、蒸凫炙鸠，丝毫没改殷周旧制。可是每逢岁时令节，帝后妃嫔忌辰，举行庙祭，那就仍按满洲旧式，用饽饽桌子上供啦。

饽饽桌子，是有一定尺寸的，高宽都是二尺，长三尺有余。这种桌子，厚而坚实，金漆缕彩，丹臒交错。最矮的三层，最高有二十一层的，每层有高脚铜盘二十四只，每层要摆点心二百多块。这种点心名曰"点子"，分甜咸两种，是用油酥白面、白糖，或椒盐、奶油做原料，由大内饽饽房承制的。祭完撤供，就把这些点子分给大家吃，叫"散福吃克食"。

宫中忌日多，大家吃不完，而且吃腻了，给谁，谁也不要。于是有的太监委托小太监们，到各宫向妃嫔宫女们收买。买来之后，就用来做酱。宫里迷信忌讳都多，上供的点子，是祭神佛供祖先的，谁也不敢偷工减料，真材实料的点子，造出酱来，味道还能不好吗？太监们就把这种酱送给王公亲贵们品尝，谁也不能白尝，当然变成了太监们一笔额外收入了。

流风所及，后来北平体面人家办白事，要是交情够的至亲好友，也讲究送一堂饽饽桌子供奉灵前，给死者风光风光。可是没办法找大内饽饽房去做，于是北平像兰英、毓美、正明几家大点心铺，都可以代客订做，而且供应桌子祭器，等金棺出堂上大杠，点心铺才能来取桌子收家伙呢。

民国初年您到点心铺订一堂饽饽桌子，如果仿照大内饽饽房的式样，以七层的来说，大概是半棚和尚经的价钱，十一层就要整棚经的价儿啦。人家饽饽铺说得好，做"点子饽饽"，第一，要十年以上陈猪油起酥，才能放个四五十天不发霉长绿毛。第二，十好几层饽饽，要不是经验老到的师傅亲自动手，让伙计们做，摆上十天八天饽饽一干，让风一魿，裂开就散，岂不是全部垮台。第三，当初既没有荷兰奶油，更没有美国产品，所用奶油全是装在牛皮袋子里、从蒙古运到京来的，一堂饽饽桌子焉能便宜得了。

您要知道京里头的人，是最要面子的。不是饽饽桌子价码高吗，我更得送堂饽饽桌子才够气派。于是把"点子"改成毛边花糕，或者是菊花饼，摆上个五层也不算寒碜，价钱比用奶油点子可就便宜多啦。

从前宫里一撤供，就分给大家，叫"散

福"，一般人家办完白事，所有撤下来的饽饽也要分送至亲友好。要是凑巧赶上冬天，北平住户家家都有一只烧煤球的白胖小子（白灰炉子），把点子饽饽放在炉台儿边上慢慢地烤透，夹上保定府的熏鸡肠儿吃，午夜驱冷消寒，比吃什么清粥小菜，都来得够味儿。凡是尝过这个滋味的，大家一聊起来，真是口水都要流下来了。这种点子饽饽，平日点心铺也没得卖，都是人家整桌预订的，所以本就不大容易吃得到，今后再想吃点子饽饽更是难上加难啦。

过生日漫谈

谈起过生日来，有的人很重视，有的人马马虎虎，不知不觉就过去了。舍下当年在北平，同族近支虽非聚族而居，散居东西两城，可是无论哪一支哪一房有人过生日，总要去吃寿面，热闹一番。

照舍间早年家规，凡是十四岁以下的小孩过生日叫"长尾巴"，中午让厨房添四小碗菜，由长尾巴的小孩自己来点，一清早到祠堂里上香、供茶，然后给家里长辈依序磕头，当天书房放假一天，吃过午饭，逛庙会、听戏、看电影，到吃晚饭就一切恢复正常了。家里长辈时常跟晚辈说："你的生日是母亲受难日，要牢牢记住'母恩难忘'。"所以长尾巴那天，跟平日不同，就是让为人子女者，随时记得亲恩伟大，永矢弗忘。

到了二十岁步入成人阶段，生日那天才改口叫"过小生日"，中午吃打卤面，或是氽卤面，晚上约两位至亲友好在小书房弄一两样可口小菜，低斟浅酌一番，也不敢声张是过生日。可是跟小时长尾巴有了差异啦。到了三十岁整生日，如果椿萱并茂，重堂在闱，长辈就要张罗给你过生日了。大陆有所谓三十不做、四十不发的说法，除了祠堂的头依旧照磕不误外，凡是过份子的至亲好友，都要亲自前往，说明那一天请光临舍下吃面，甚至于还要向至亲的尊长磕头，这叫作"口请"。北平幅员广阔，大家又散居四城，早年交通工具，只有骡车马车，一整天也跑不上四五十家，这个口请差事，人人皆怕，实在不好当，假如把哪家漏下没请到，还得挑眼落不是呢。

拿舍下来说吧！先曾祖母、先祖母一过花甲之年每年叫"散生日"，儿孙们就张罗生日那天要热闹热闹啦！不是请金麟班大头公戏（又名"托"），就是八角鼓带小戏，要不就是韩秉谦、张敬扶的西洋戏法大魔术，或是滦州皮影戏带灯晚西皮二黄，总要热闹一整天。

到了过整生日叫大寿，当然是京腔大戏了。自己家里先要准备一份班底，不是斌庆社就是富连成，老一辈、小一辈的姑奶奶们抢着给老人家儿祝嘏。你送梅兰芳，她送杨小楼，有人送程砚秋，也有人送余叔岩。再加上亲友中有走票的届时也要登台露脸，堂会倒是不争戏的前后，可是为了什么角唱什么戏就伤透脑筋了。有的喜欢看梅兰芳的古装红楼戏，有的喜欢听他的青衣唱工戏，老姑太太爱看小楼开脸戏，小姑奶奶爱听小楼净脸戏，最后闹得假传圣旨，说老寿星喜欢哪一出戏，戏的争夺战才算结束。

有一年先曾祖母八旬正庆，天津、上海、

青岛的亲友都赶来拜寿，家里准备的客房不够住，只好把舍饭寺的花园饭店包下来。早年红白事送份金跟现在不一样，遇上喜庆事意思意思而已，不像现在一桌酒席五千元，送份子的人先合计，送五百元外加捎小饮料，主人家就赔了，所以送一千元才两不找，或许还能捞摸两文。因此红帖满天飞，反正赔不了，形成"韩信将兵，多多益善"。这种恶习是自己养成的，谁也别怨谁。

北平有一种人专门打听哪有堂会戏，就赶去拿蹭（不花钱听戏叫"拿蹭"）。花四五毛钱在南纸店买一副寿联，请柜上代书，大摇大摆把寿联往收礼处一送，然后有知客引领入厅听戏，等到开席照样入席大吃大喝。本家跟执事人等，知道贺客中有听蹭戏吃白食的，也都睁一眼闭一眼放来人一马，不去计较，因为喜庆事，图个顺利，谁也不愿意较真。

先曾祖母八旬大寿，在北平报子街聚贤堂唱戏，晚饭时杨小楼正演《状元印》，家四伯父担任总招待，巡堂至东花厅有位来宾单独叫了几个菜，正在大吃大喝，他上前请教姓氏，此人立刻从衣架上取下草帽、马褂、手杖就往外走，到了大门口被宪兵拦下来，经我一再说项，他才鼠窜而去。如果他随众入席，绝不会有人出面干涉，像他这样大模大样点菜，似乎太过分了，听蹭戏嚣张到这个程度，实在是自取其辱了。

先君早卒，北平俗例三十不做、四十不发，我而立之年也没敢惊动人，良以重堂在闱，我一过生日，就惹三代老人家伤心。渡海来台，主持某生产事业，未曾携眷，有一天散值回寓，春拥填骈高朋满座，才想起那天是我四十岁生日，都是来拜寿的。大家既然来了，盛情难却，尽欢而散。

大家何以知道我那一天过生日，怎么也想不通，后来才知道，他们是从履历表上抄下来的。从此我到任何机关做事，履历表上出生年月不写日期，免得让朋友破费。现在偏处海陬，慈亲生未能养，死未能葬，还有什么心情过生日，所以大家也就不来勉强我了。

自从过了六五之龄，公职退休，儿女们跟一些近亲旧属，每逢我生日之前，总打算给我称觞一番，依违两难。前天读了庄严老兄哲嗣庄因那篇《山路风来草木香》的文章，其中有一段说："人到五十，就跟某年某月某日某时某餐吃个爆双脆、糟熘鱼片，不过在心里记上一笔一样，这也跟坐火车一站一站地过去，不必心急，只要不出轨，准会到达终点一样。"

我现年近望八，已经是咸鸭蛋开水泡饭，清淡得接近淡而无味的时光，从童年、中年、老年都是给人张罗做生日，现在垂老之年实在不愿做生日，以免打扰亲友跟晚辈太多。从前吴稚老在世最怕做生日，他说他是偷生鬼，如果惊动了阎王爷，就要被小鬼儿抓回去了。他这段说词，不正是不做生日最好的挡箭牌吗？

我曾见过的北方庙会

    在幼年时节，读《彭公案》《施公案》《七侠五义》《永庆升平》等一类旧武侠说部，看到胜官保的龙头杆棒，能屈能伸，还能暗发子午闷心钉，把敌人一兜一卷，就是一溜滚儿；黄天霸袭先人余荫，三枝金镖迎门三不过；欧阳春七宝刀削铁如泥，就是白菊花晏飞的紫电剑碰上，也要缺口；山东胖马大铡刀，刀沉力猛，面前无三合之将。据说像这样英雄人物，偶然间也会在庙会上拉场子卖艺，或是替朋友向同道闯字号争地盘儿，显显身手。所以北平各定期庙会如隆福寺、护国寺、白塔寺、土地庙，不定期一年一度太阳宫、蟠桃宫，凡是开庙拉有把式场子的，我总要想法去瞧瞧才得心安，以免错过眼福。

年复一年，虽然一场不漏，不但真正打斗没遇上一次，就是有踢场子，也是剑拔弩张，虚张声势。眼看动手过招，就有当地有头有脸好管闲事的人出来两边一说合，小饭馆一摆请，满天云雾立刻化干戈为玉帛，你兄我弟，又没有热闹可看啦。

有一年三月初三王母娘娘寿诞，北平西便门外蟠桃宫扩大庆祝，加上北平牙行红果高家老太太八十大寿，重孙子弥月，两档子喜庆事，在娘娘神座前搭了一座金饰鳞甃四户八牖的戏台，名为草台子，实际雕蔓焕彩，比正式戏园子还要雄壮侈丽。据说请来的名角是上海新到的刘艺舟，演的戏码是《太平天国》，文武场面固然与众不同，唱做服装既不像京戏，又不类话剧，新颖别致，让北平人大开眼界。四眼狗跟陈嘉梁开打真刀真枪，手叉子、二人夺打得套子新奇惊险，而且严丝合缝，比京剧《三岔口》还打得火炽猛烈。最后一场曾九帅掘地道攻破金陵城有洋枪火炮，想不到野台子戏比京腔大戏还来得伟大壮观，从此对野台子戏发生极大兴趣。后来只要逛天桥，不管是新舞台、燕舞台还是燕仙舞台、振华舞台，都要进去张望张望，可是十之八九，是半班戏，不是《夜审周子琴》，就是《花为媒》《老妈开唠》俗不可耐的戏文，久而久之也就兴趣缺缺了。

有一年中秋节前两天，先伯祖的拜弟钱三爷来贺节，他早年是北京四霸中赫赫有名的南霸天，不但手上一对日月风火轮功夫好，还能打能接各种暗器，枪法准到不用瞄准能把天上飞鸟打下来。后来被先伯祖说服收为部属，积功升到把总，辛亥年先伯祖在伊犁去世，他也退归林下，回到廊坊定居，一方面务农，还教几个徒弟，每逢年节依旧亲来舍下道贺的。他这次来拜节，偷偷告诉我说："离廊坊不远有个村子叫落岱，今年年成不错，又搭上五谷神农庙落成开光，唱三天草台子戏，最后有泊头镇的精一武馆选派四名高手，来落岱跟我们集贤讲堂以武会友，你不是一直想看我练功夫吗？这回我可能要露上一两手，你如果有兴趣，就跟我到京南去玩上两天。"这种场合我是久已渴欲见识见识，有三爷爷带我去，家里也没有什么不放心的，所以欣然就道。

神农庙前对着正殿临时搭有一座戏台，高有一丈开外，比一般戏台要宽敞亮，戏台两旁，高搭席栅，也比平地高出三四尺，左边安置地面上弹压席，右边是附近各乡镇绅董偕带眷属的雅座。钱三爷黑骡子带篷儿的二套车，卸了骡子，前辕用二人凳架在戏台底下正中间。我们入场时，庙前庙后，排满了吃食摊子，再不就是卖化妆品、零星首饰跟卖耍货儿的，虽然挤得人山人海，可是各处信道都有联庄会人把守，畅通无阻，秩序井然。钱三爷告诉我说待一会儿有练把式的，因此戏台搭得特别结实。台板是三寸见方木桩子，牛皮绳扎的双交手，用多大蛮力，也别想给戏台震坍了。我们吃过午饭就进场，坐在二套车上听戏，得瞧得看，台上演的《桃花庵》，据说是从唐山约来的名角，服装崭新，唱做也很卖力。接下来是一出武戏《佟家坞》，李万春童年唱过这出戏，饰马玉龙，短打软扎巾，使链子鞭。台上这位饰马玉龙的叫赵连升，不知是不是富连成坐科的短打武生，他在台上拧了五十二个旋子，拧到三十个就有人叫好，往台上扔红包啦。旋子越拧越冲，红包扔了满台。接下来换了河北梆子《拾玉镯》，饰刘媒婆的叫孟三省，满嘴滦州口音；饰傅朋的叫邓兰卿，是林翚卿班里当家小生；饰孙玉姣的叫金少仙，柔情绰态，顾盼烨然，双钩纤纤，走起台步来摇曳生姿别有风韵。钱三爷说："金少仙是联庄会会长汪兆西的义女，大概这出戏是特烦，汪五爷恐怕还得另外破费几文呢！"话没说完，忽然从上场门出来一个愣小子，饿虎扑羊直奔孙玉姣，把她头面上一枝珠钗很快拔了下来。等金少仙两手一挡一揽，愣小子一弯腰，把她大红绣花凤头小鞋也脱了下来，转身跳下台来，钻到人群立刻不见。事出突然，场面锣鼓顿息，只好打住。钱三爷说："早年当地唱野台戏，有一陋俗，凡是唱到花旦小丑的玩笑戏，正在打牙涮嘴，如果谁家有年老病人，有孝心的子孙们跑上台去抢一朵珠花，或是一枝绒花，回去给病人带上，不但病可痊愈，还能延年益寿。事出孝子奉亲，从来没有人拦过，不过这次抢了头花，又扒人绣鞋，就近乎轻薄，如果这个愣头青是泊头来的，恐怕是冲着汪会长的，那就要惹出是非啦。"追的人回来，人虽然没追着，有一位小伙子捡到一顶毡子秋帽，帽里有"大顺"二字，证明是泊头方面东光的傅大顺子干的好事。

京剧草草终场，换上来是以武会友，有

刚才那个岔子，双方都是脸红脖子粗的，在台上呶呶不休。钱三爷怕他们恼羞成怒，借着比武真的动起手来，因为早些年，也是为唱戏，双方来了一次大械斗，各有伤亡。若不防患于未然，可能又是一场祸事。钱三爷跟双方都交情不错，不能见事缩手，只见他从我身旁一纵身就上了戏台，双方对这位老爷子似乎都相当敬重。钱三爷说："给神农大帝开光唱戏，仰答天庥，本是一桩吉祥事儿，要是因此弄出几条人命来，就失去原来谢神的诚意啦。为那个获罪于天，上天降灾，岂非得不偿失。既经查明傅大顺是东光来的人，不管你们双方有什么过节，大家不是远亲，就是近邻，现在既然由我出头了事，希望给我个老面子，以往泊头落岔的恩恩怨怨，一概摆过去不提，一床锦被盖起。就事论事，大顺子掳了妇道人家小鞋子，总算轻狂失礼，晚上由我在神前摆请，大顺子当众给金姑娘道个惊赔个不是，那桩事就算一了百了。"泊头来人挺身说话的是精一堂二当家的，先还说东说西强词夺理，还有点儿不情愿。钱三爷一发急，把手上揉的一对钢胆，没使劲就捏成钢片啦！对方一看钱三爷手上功夫，如果不点头，一定也落不了好回去，本来是自己这方理屈嘛！这一搅乱，以武会友三场比斗，免得别生枝节自然告吹。我虽然没有看见钱三爷动家伙练个三招两式，这一手捏钢胆，也就够瞧老大半天的了。后来我在湖南长沙看顾汝章、柳森岩摆擂台，听长沙国术馆长万籁声说钱子莲内外功都非常精纯，他跟许禹生都是北五省了不起的人物。

民国二十三年，我在北平曾经遇钱三爷的侄公子直庵，我问他神农庙的香火如何，他说今年还唱了一台酬神戏呢！蓦然之间，当年在落岱听酬神戏的情景，又在脑子里一幕一幕上演，想不到过半世纪之后，文建会居然在台北市青年公园仿照《清明上河图》搭建一座古色古香的戏台。根据报上刊载的现场图跟我在落岱所看的戏台，一座席多于竹，一座竹多于席，此外樑栱芦帘，桁梧复叠，大致相同。对戏台尚且肯如此下功夫，可以想见参加的五花八门的民间艺术，必定是千挑百选精彩绝伦，中国博大精深的民间艺术，不但维系不坠，进而发扬光大，吾人将拭目以待。

发型杂感

　　记得当年束发就学的时候，老师告诉我说，留什么发型，随你自便，可就是不要留"大背头"。所谓大背头是从鬓角留起，一直往后梳，头发长度超过耳垂。当时年纪小，也不敢问老师是什么原因。等年岁稍长在北京听相声，有个说相声的叫赵霭如，最爱损人，他说他穷大手，老也攒不起钱来，所以年过四旬，尚未成家，因此最好跟大背头交朋友。两人一对眼，红条春凳，挂上油瓶，到二道坛门心交心交，心平气和交易而退，各得其所。后来细细留心，才知道北京龙阳君都是留锃光瓦亮大背头的。遇到这种人，总是心里特别腻歪。

早些年我倒觉得头发如果不是太长，也不十分脏乱，留得长点短点又有什么关系呢！有一天我在桃源街一家小馆吃牛肉面，进来一位长发垂肩、满头大汗的惨绿少年，先是用讲义夹子没头没脸地乱扇，继而不知道是头皮太多，还是头虱作祟，又搔又抓，一时"大雪"纷飞，桌上落了不少头屑。屋里光线太差，加上我是千度以上的近视，料想我的面里也不知不觉添了不少作料，越想越恶心。这种举止乖张、不谙礼貌的狂妄少年，跟他多说无益，只有趋避一途，算账走人。从此之后，我对不把头发修理整齐的长发人，产生了极恶劣印象。

一九五一年，我有一位朋友，是位国际大贸易公司的总经理，他的公子就读市商，头发越留越长不梳不理虬曲垂肩，形状特别怪异。学校看他太不像话，纠正了几次，他都置之不理。我这位朋友平素是最讲民主尊重别人的，在忍无可忍之下，把儿子叫到屋里，拿出推子，二水中分白鹭洲，从脑门子一直推到脖颈子。害得他这位公子只好抓顶帽子戴上，到理发馆推成大光头。现在他的公子在美国加州从事贸易，已经成了当地侨界领袖。去年我在伯克利看到他头发短洁，衣冠楚楚。他说今日小有成就，要感谢老太爷一推之赐，才使他的人生改观，步入正轨。

有些年轻人说留个小平头，找事都困难，其实正好相反。笔者在本省中部主持一个食品罐头加工厂，对男作业员一律要求他们平头，发长过耳者一律不予录用。男作业员工作时必须要戴工作帽，女工作员扎头巾。食品从制造到装罐的过程，完全由男作业员操作。封罐之后，工作才由女工作员参加。有一天几位楠梓加工出口区的朋友来厂参观，觉得很奇怪：前半段制造过程，操作不用体力，为什么不让女作业员来做呢？我说食品首重清洁卫生，如果罐头里发现一根头发，吃罐头的人，心里作何感想，是不是对销售方面有很大的影响呢？他们之中也有几位是从事食品加工业的，认为不录用长发男性作业员确实是有其必要的。留小平头找事困难，只不过是年轻人一种护发的借口而已。

本省三家电视台所演清装剧，凡是留辫发的男士，前面头套修得四鬓刀裁，脖子上长发蓬松，事实上绝无那种发型。这般护发之士，不论如何，永远禀持身体发肤，受之父母，不敢毁伤的古训，发型是绝对不能改变的。

香港的电影、电视侵入台湾之初，有些影剧界前辈曾经抗议反对。我看到以演《楚留香》出名的无花和尚关聪，一到台湾首先落发，并且把落发实况录像，在电视台播放出来，光就这一点敬业认真情形，我们就办不到，遑论其他。最近中视周日所演的《天涯赤子心》，穿插编排热闹火炽，比一般哭哭啼啼谈情说爱老套子可看性都高。可是剧中饰演江云飞的黄仲昆，戴上军帽脑后拖了一大堆头发好像孔雀尾，不光国语说得不标准，表做更是呆板生涩不能入戏，让观众看了替他着急。我不明了此角色为什么非选中他不可，把整个戏的气氛都破坏无遗，实在可惜。据笔者所知，早年军队里，只有察哈尔"主席"刘翼飞的特务队，是留有大背头的，背后人都叫他们"兔子兵"，即便如此，也不像剧中江参谋，跟另外一位副官也是那么长的头发，在镜里躲躲藏藏，似乎也觉得自己的发型不太合适。经这两位一搅和，白圭之玷，太可惜啦！

　　我时常想，像副官这种无关紧要的小角色，他不肯理发就换别人，难道制作、编导主管人员就没办法换人吗？还是另有其他原因？演员护发而不敬业，主持人知而不顾，还能怪大家都要看香港的电影电视吗？据最近从新加坡回国的一位朋友说："当地无论是排班等车，或是到公私机关行号去办事洽公，凡是超过规定标准的长头发的人，一律排在后面。甚至有几个妇女团体发起，她们的会员所交的男友，一律被劝其把头发剪短，才肯跟他们并肩挽腕过街。"据说收效甚宏。看看我们大街小巷依偎并肩情侣，男士的发型又如何呢！

去年夏天我曾经到美国加州伯克利嬉皮发祥地去观光，他们不论男女一律衣履不整，破衣烂衫，须发搏毡，走到他们面前都会闻到一种说不出的臭味。据一位住在当地的加大分校袁教授说："这一般嬉皮，西子蒙不洁，外形固然令人厌恶，更可恶的是，他们鄙视社会，厌恶人群，反对政府，所以他们玩世佯狂，不屑跟社会人群一样。他们标新立异，不衫不履，镇日浑浑噩噩，混吃等死，请想，这么一群行尸走肉，居然有些青年人还起而效尤之，这种心理实在令人不解。"

我所看到那些人，在街头巷尾或躺或坐，不是向阳捉虱，就是当众抠脚，丑态百出，实在令人不忍再看下去了。本想买一两件他们的手工艺带回来，但看到他们那种懒散态度，脏兮兮的手，只好废然而返了。泰国有位退休的陆军中将拉差，他有一个爱孙，身长玉立，神采俊迈，偏偏喜欢留长发，而且烫得狰狞怕人。他那位中将老祖父训导兼施，乃孙护发情殷就是相应不理，气得乃祖无计可施，只好跑到四面佛前虔诚默祷，假如能让他爱孙把头发剪短，他就雇班女乐，到佛前烧香舞蹈还愿。谁知道他回到家后，就接到乃孙入营服役的军方通知，军令如山，乃孙只好乖乖剪个小平头入营服役。邻居们都说佛祖保佑，他老人家一高兴，不但立刻到四面佛前还愿，而且还到常去的各大寺院上供拜佛呢！

今年暑假期间，一般初高中学生，在两个多月时间，头发已经留得长及颈项，开学之前，有少数人让他们理发，简直难舍难分痛苦异常，非要挨到最后才肯去理。有一对祖孙，竟然为头发长短，发生争执，乃孙愤而出走，既不回家，也不到校，急得老祖父眠食俱废，晨昏倚闾垂泪。可是乃孙音踪杳然，不知去了何处。我想奉告各位年轻朋友，现在各国蓄长头发风气已经渐渐消失，在美国找工作，一般老板阶层对长发蓬松的青年人都少好感，把头发梳得整整齐齐，穿得规规矩矩才会让人觉得你是好青年，放心加以录用呢。

帽子杂谈

　　古人规定，男子二十而冠，男孩子到了二十岁，一戴上帽子，就算是成人啦！毛头小伙子，显然是没有戴帽子，这个典故，大概就是这么来的。台湾冬天不算冷，没有冻耳削脸的寒气，加上近年男士流行留长头发，掩耳垂鬓，当然冬季更用不着戴帽子了。

　　前些天在光华商场古玩铺，随便闲逛，同去的崔兄跟我说："你看，这个直古笼统的花瓶，还布满了几个窟窿。"我一看告诉他那是帽筒，清代朝冠有顶有翎，所以升冠之后，把大帽子架在帽筒子上，以免碰了顶子，窝了翎子。目前已无所用，真正成为古董了。

现在一般专门外销手工艺品商店，都陈列有六瓣黑缎子边、红绿花缎子心的瓜皮小帽出售，实际这种瓜皮帽，只是一种耍货，并没有人戴的。当年溥仪未成年住在紫禁城未出宫前，他戴的便帽是六瓣天蓝色缎子、镶金色嵌黑丝线压边，顶上钉有乒乓球大小红丝绒结，瓣穗长有二尺，厚盈一握，一磕头瓣穗纷披，非常好玩。

清代对于冠戴衣着，都有一定制度，每年三月换戴凉帽，八月换戴暖帽，由礼部奏奉核定日期，大约总是三月、八月二十日前后，换戴凉帽时，妇女皆换玉簪，换戴暖帽时，妇女皆换金簪，一切都有规定，不能随便乱来的。

早年戴便帽，所谓瓜皮帽，讲究头顶一品斋，一品斋的便帽是最出名的。他家所用的缎子，都是到杭州绸缎庄订织的三三缎子，乌黑发亮，绝不起毛。虽然同样衬红布里，可有软硬之分，硬胎的挺括光致不能折褶，软胎的可以折起来，揣在怀里非常方便。夏天换季，就戴官纱或实地纱便帽了。纱便帽也有软硬之分，硬胎内衬细竹皮编织的帽里，斐然有光，让人有凝重之感。江南一带早年也兴戴瓜皮帽，以软胎居多，素缎暗花，也甚雅致，只是顶部过分尖削，南式北派一望而知。关于帽顶，北方人如果椿萱在堂一定是红帽顶，不是素服穿孝，不准用黑帽顶；南方对此则不甚在意，尤其商界人士帽结，都是易红为黑了。

北地冬寒凛冽，还有一种黑缎便帽，絮有棉花的棉瓜皮帽，那当然只有硬胎一种，商店跑外的，还有外加黑缎子实纳观音兜以御寒者，由头至颈都可不受风雪吹袭。现在大陆的冬季，瓜皮帽早归淘汰，至于加带帽罩更是历史上名词了。

关外冬季特长，像长春、哈尔滨严冬气温，经常摄氏三十度以下，如果不戴帽子，可能把耳朵冻掉了。抗战胜利那年的腊月，我因公到长春出差，有位姓吕的科长随行，他是广东三水人，一下火车，坐敞篷马车到治事的地方（当时只有马车），车行近一小时，一进到屋子里，看见墙上有一顶带耳罩的毡帽，他赶不及地摘下来，就急忙戴在头上了。在东北凡是风雪中奔驰太久，不能马上进入有炉火温暖的屋子里去取暖，冻僵了一经化冻的耳朵、手指、脚趾，立刻发痒，如果一搓一揉用力再稍大一点，能够立刻应手而脱，所以在东北工作的劳工朋友，有很多是手指、脚趾残缺不全的，就是这个缘故。吕科长戴上毡帽，在没有生火的屋子坐了半小时以上，我才让他进入有火房间里烤火取暖，从此他把带耳罩的毡帽视为恩物。后来他来台，还把一顶破毡帽带到台湾来当古董呢！

　　民国二十年前后，在平津有一家盛锡福帽店，大为走红，早年政界人士讲究戴巴拿马草帽，草越细价钱越高。盛锡福从巴拿马进口了半打极细的巴拿马草帽，往橱窗里一陈列，标价二百块银圆一顶，原没打算立刻可以卖出去，旨在价高唬人，以广招徕。谁知北洋江苏督军李纯（秀山）的公子，跟湖北督军王占元（子春）的公子联袂打盛锡福门口经过，李、王都是天津英租界有名的阔公子，这种细巴拿马草帽，卷来成一圆筒，有帽套套住，摘下来可以揣在怀里，非常方便，所以就一人买了一顶。他们回去这么一炫耀，不到一星期，居然全部卖光，据说这种细巴拿马草帽，就是产地也不多见呢！

张宗昌在红极一时的时候，有人送他一顶极品紫羔土耳式皮帽子，他戴在头上得意扬扬，在京奉路火车上被铁路局局长常荫槐看见，笑他牛高马大像显道神，他一气之下，就把它扔了。杨宇霆当时正替奉张拉拢张长腿，恐怕他恼羞成怒，特地物色一顶带针海龙的四块瓦皮帽子送他，张效坤戴上之后也觉得威风八面，气派十足。他又托人在长春买一顶同样的皮帽，送给一位蒙古族王子。这位王爷虽然地道蒙古族，可是天生身材矮小，大皮帽子往头上一扣，简直像北平手艺人捏的老头儿钻坛子泥偶，背后没有人不笑他人帽大小比例不称的。后来盛锡福研究出一种染兔皮四块瓦帽子，又轻暖又边式，一直时兴了十多年。台湾从去年起，冬季时兴戴皮帽子，式样大半脱胎当年四块瓦式样呢。

上海闻人李瑞九，是李鸿章裔孙，不但贵而多金，而且是帮派中大爷。有一个冬晚约我们几位相熟的朋友到夏令匹克电影院看电影，他戴了一顶水獭帽子，上面有比黄豆大一点的白斑，非常别致。哪知一下车，就被"抛顶公"把帽子摘跑了。李瑞九面不改色，谈笑自若，一进戏院，就把大衣手套围巾挂在衣帽间了，等电影散场，我们到衣帽间穿大衣，谁知他那顶水獭帽子，好端端地挂在他大衣架上了。从此我才知道上海在帮的朋友，他们那一套严明的纪律，是不能不让人佩服的。

冬天戴的皮帽子，紫羔、水獭、海龙，真是价值上千上万，不是一般人戴得起的，还有小孩也不能戴那么贵重帽子呀，于是有一种妈虎帽出现，要是纯驼毛的，价钱也不便宜，平时可以卷起来加在瓜皮帽上，觉得冷时可以拉下护住耳朵口鼻，前面有一方洞，可以不碍视力呼吸。舍弟陶孙在十岁左右时，非常顽皮，最怕人让他戴妈虎帽。有一年除夕午夜，他要到院子里去放炮竹。他头上本来戴有一顶瓜皮帽，先祖母一定要他加上一顶妈虎帽，他坚持不肯。先祖母说："加冠晋爵，你要对得上来，就免戴妈虎帽，明天就给你买一顶水獭帽升级。"谁知他听了这话，把瓜皮帽一摘，说了句"卸甲封王"，虽不算太好，可是以成语对成语，而且不假思索，所以第二天跟我一齐出去拜年，他也换上水獭皮帽子啦。这桩小故事仿佛如在目前，届指一算已经是本世纪以前的事啦。

我的一顶水獭帽子虽然带到台湾来，可是台湾冬暖，英雄无用武之地，多少年未过风，也未拿出来看看，恐怕已经是光板无毛没法戴了。

君子不胡则不威

凡人皆有所偏好，往往少数人有某一种偏好，流风所及会影响到社会大众。前些年美国嬉皮们，以留长头发作为他们的标志，谁知道这一倡导不要紧，不但青年人把头发留成覆耳披肩，就连中年以上喜欢赶时髦儿强学少年的，也不在少数。

去年夏天我在旧金山住了一个短时期，特别到嬉皮发源地伯克利大本营去巡礼一番，发现现代嬉皮们已经不是首如飞蓬的怪模样，他们把长发往后一拢，梳起各式各样的小辫子来，为了跟小辫子配合，有些人已经留起胡子来，并且表示今后十年，不是留长发的天下，而是留大胡子小胡子的世界啦。

谈起留胡子来，有的人赞成，有的人反对，见仁见智，说法各有不同。抗战之前北平有一位星象家关耐日，第一次世界大战他曾经担任过驻法的华工译员，因为他对五行星象渊海子平有深刻的研究，所以跟当时法国面相学家海根赫尔成了好朋友，海根说："欧洲男士大都喜欢留胡子，就面相学来说，何者宜留胡子，何者不宜留胡子，胡子的式样如何，还要跟面庞相配。最好是先找一张自己本身相片，把心爱的胡型画在相片上，如果画出来显得英俊潇洒，那您不妨把胡子留起来，倘若画出来像马戏班的小丑，那最好打消留胡子的念头算了。面色白皙面庞清瘦的人，留起胡子来不但无助于丰姿美观，而且黑白分明，反而显得人更羸弱。眉浓须重的人最好不留胡子，否则人在背后一定骂你粗鄙不文。有些人牙齿突出，鼻梁扁塌自以为留起胡子来可以遮丑，希伯来人有一句俗语是'胡子遮丑丑更丑'。再则就是身材矮小的人也不宜留胡子，胡子留得越长越显得自己矮小。圆面孔的人留什么样胡式都不好看。倒是长脸隆准是标准留大胡子脸型，肤色黧黑、牙齿雪白那是留短髭最佳的面庞。"关耐日说："海根的话，跟中国相书所载完全符合，真是令人不可思议。"

嘴上没毛，办事不牢

中国老一辈儿的人，讲究"君子不重则不威"，所以不管年龄大小，只要功成名就，或是儿女已经婚嫁，做了长辈，就应该把胡子留起来了。留胡子也有许多讲究，太早留胡子，老妈妈论儿说是克父母，最早留胡子的年龄是二十八岁，俗称"二十八胡"，人过中年，到了五十来岁，要是不留胡子，又有人说闲话，笑您老有少心，还打算在外面招惹花花草草，心怀不轨了！

中国俗语说："嘴上没毛，办事不牢。"这句话虽然未必尽然，可是您若是跟道貌岸然、挺长胡子的人打交道，多少要增加几分足资信赖的心理吧！

男人到了相当年纪之后，由于生理上的关系，胡子是越刮越硬，越刮越多，原是无可奈何的事，可是有些男士，认为留了胡子有性格而且美观。其实胡子美不美，是要看留起来跟自己的面庞轮廓配合不配合，至于有些人因为面部有缺陷，特地留胡子来遮掩，那就属于例外啦。

女人十之八九是反对男人留胡子的，如果您留个络腮大胡子，就是每天洗上几次，因为谈话喷出来的口涎，吃东西残留在胡子上的汤汁剩屑，再沾上点空气中的尘土，难保没有一些怪味。英国伦敦有一个妇女俱乐部，她们认为男人留胡子，是暴君式的昏庸举动，会员们的先生，是绝对不准留胡子的。不过会员都是三十五岁少妇，大约一到四十岁出头就纷纷退会啦，因为男人一过五十，就不太受太太们的羁勒，自己高兴留就留，太太管不了，于是只好退会了。

大丈夫始有美髯

帝俄时代，皇家贵族，勋戚贵藩，为了显示仪容伟丽，有异尘俗，大家都留起千奇百怪的胡子来，当时一些香水制造商绞尽脑汁研究出专备胡子、小短髭使用的不同香水来，为了表示跟一般女用香水有别，瓶樽以及喷头设计，更是雕琢工巧，玲珑剔透。笔者有一位舍亲曾任洽克图领事，他知道我喜欢收集香水，曾陆续给我买了二十多瓶胡子专用香水，都是小瓶小罐。我的姑丈陶略侯留法多年钻研酒类酿造，对于香水制造经验更丰，他看了我的胡子香水，认为其中大多数是动物香精，少数是植物花蜜，喷头之细巧晶莹，真令人目迷，至于气味之蕴藉俨雅，远非巴黎香水浓郁馥烈可能望其万一。千方百计制造出这些晚馥幽香，无非是设法掩去胡子不洁气味而已。

胡子长在脸上虽然毫无用处，并且能增加异性的困扰，乱毛丛中偶亲芳泽，会把朱唇玉面揉蹭得唇晕钗横，花容失色，所以十个女性就有九个讨厌留胡子的男士。至于影星克拉克·盖博、大卫·尼文那一类风流小髭，当时电影界有位名演员，人称“黑眼圈谈瑛”，她说：“人的口味不同，有人喜欢吃酸的，有人喜欢吃辣的，上唇留一撮小胡子，带有一些刺激性，不是挺有味道的辣椒吗？”可惜她嫁给没有胡子的程步高终于分手，大概是嫌程不够刺激吧！法国枭雄拿破仑立他弟弟路易为荷兰王之后，这位荷兰王妃不但天天给路易修剪清洗美髯，就连伺候她的内侍也都鬈髯如戟，再不然也是鬈髭如云的伟丈夫。她说：“大丈夫必须留有美髯，才能显露出英雄气概。”由此可见，人的观感爱好是各有不同的。

罗马尤利乌斯·恺撒大帝身材瘦小，胡子又是卧桥，登上皇帝宝座时年纪又轻，深恐臣民对他轻视不敬，他发现供奉在大神殿的"宙斯"神像颏下部有一副络腮胡须，用纯金线织成，黝颜焜耀斐斐有光，就异想天开，何不也打造一副腮须，在国家有重大庆典时装扮起来，肃我神姿，以振朝仪呢！于是立刻以二点八克纯金，打造一副胡须，凡是公开场合，他总是带上假髯，正式亮相，从此觉得自己平添无限神威。可惜有一次因牙痛忘记带上假髯，终于在宫廷上被人刺杀。可见古代帝王，不论中外都要留有胡子，才显出帝王之尊庄严神武呢！现在那副纯金胡子套还摆在罗马博物馆供人凭吊呢！中国古代以胡子漂亮出名的，首推三国时代美髯公关云长。无论是说部戏剧，甚至民间供奉的泥塑瓷烧木雕，都说他胡须长可及腹，黑油油，亮晶晶，五绺长髯，飘拂胸前，加上汉寿亭侯的绿袍金甲、冷艳锯、赤兔马威武庄严，在群众心理上，像关云长的长髯，不但表示我武维扬的精神，而且还有神圣不可侵犯的意味呢！

胡子老倌列英雄

另一位古人是髯翁苏东坡了，苏轼的大胡子，不但他的好友如佛印、秦少游等人，时常拿来调侃，就是苏小妹也时常以她令兄那把胡子作戏谑的对象。我在徐州看见过一幅苏东坡跟叔党父子石刻拓片，苏东坡的胡子蓬松满面，有若钟馗，跟想象中的俊爽清旷，就大异其趣了。

关云长、苏东坡两位古代先贤的胡子如何，因为我们去古已远，一切不过得自耳闻，姑且不谈，现在谈谈我亲自见过的美髯公，一位是年二十七罢官的梁鼎芬（星海）。梁是清末民初有名的大胡子，他须发苍白可是深浅相等，他两颊永远红润光致，衬托得色调非常柔和。他衣着虽然不甚讲究，可是他胸前这把长髯永远是斐斐有光。据说他有一位如夫人每天早晚两次给他用药水洗涤掠通，所以他的胡子一直是青道粹美的。

民国十八年在南京国民政府举行一次盛大会议，民国元老于右任、柏文蔚、戴传贤三位先生坐在一起照相，三位都留有胡子。于、柏两位都是三绺美髯，于长柏短，戴先生则是整齐的短髭，大家说这一套大小胡子各有各的风采。三十六年渡海来台，诗人曾今可组织台湾诗坛，又得再亲右老道范，他的三绺已经变为五绺，长可及胸，白如银丝，根根可数，望之如神仙中人，只是靠近下唇少许银丝，稍呈灰黄。我知此地无川西坝子上出产的金堂烟，他把普通卷烟的烟丝当旱烟抽，这种加过香料的烟丝喷出烟来，自然容易把银须熏黄。我于是把台产废碎烟叶的尖子，稍加纯蜂蜜加工复熏，送给右老品吸。右老认为我的制品虽比不上柳叶能"止咳化痰",可是抽了之后,痰已减少,倒是真的。这种加工叶子烟,虽比不上金堂柳叶,慰情聊胜于无,多年过后右老颔下长髯,居然又恢复其白胜雪,没有灰黄颜色羼杂其间了。

中国人最喜欢拿胡子开玩笑,国画大师张大千在而立之年,已经是于思于思,飘髯满胸了,友侪拿他胡子开玩笑,他就把关公训子一段故事拿出来当挡箭牌,他说:"为父一生匡扶汉室,忠心保国,过五关,斩六将,斩颜良,诛文丑,灞桥挑袍,保嫂寻兄,都是功勋盖世,义薄云天大事业,你一概不提,只记得你爸爸一把大胡子,未免太没有出息了。"他这一段笑话,可算替天下胡子老倌出了一口怨气。

多年抗战清洁溜溜

抗战之前,我在上海众业公所担任经纪

人，当时在交易所进出的中外人士，年龄大都四十五十之间，只有在下是不到三十岁，为免被人讥为少不更事，于是我就想把胡子留起来。上海有位精于六壬兼长命理的星象专家黄乔松，特地向他请教，那年我正好二十八岁，黄说："照命相合参，你立刻留起胡须来，不但免于破财，还可以免去一场灾难。"我听了他的批解，真的把胡子留起来。自从留了胡子，碰到喜欢说笑的朋友，总拿比上不足比下有余一类笑话开我玩笑。我有一位扬州朋友吴孝萱，在交易所里以最爱说刻薄话出名，大家都叫他"吴小鬼"。他告诉我，跟留胡子的人开玩笑，以"骚胡子"为限，超过这个限度，你就可以反击了。"你说：'你们大家不要跟胡子老倌玩笑开得太过分了，请你们回到家中祠堂里，请出令祖令尊的喜容来瞻拜一番，看看乃祖若父是光下巴还是留有胡子的，如果都是光下巴老公嘴（留不起胡子的人，俗称老公嘴），再请出曾祖高曾祖遗容来看看，你家总不至于代代都是短命鬼，总有一代老祖宗是留胡子的吧！'"

我年轻时节虽然喜欢说说笑笑，但跟人开玩笑以点到为止，而且总要留一点空隙，好让人还绷子（还嘴的意思），风趣而不失敦厚，才有意思。我的胡子时而短髭，时而专留下海，留了几近八年，等胜利鞭炮一响，立刻把满面于思于思，一扫而光，还我初服。因为留了若干年的胡子，一下子刮个清洁溜溜，偶或摸一下嘴唇还觉得怪怪的呢！至于吴小鬼教我那一套挡箭牌说词，我总觉得过分刻毒，有失敦仁之旨，始终没拿出来当挡箭牌派用场呢！

鬼气森森的打花会

先祖宦游岭南，卸任返京，带几名粤籍仆从回来。他们没事聊天，时常提到广东打花会盛况，什么夜宿荒郊，庙堂祈梦，偷坟掘骨冀求征兆，说得绘影绘声，令人神往。我在幼年听了若干这类光怪陆离的故事，所以打花会这个名词，对我来说并不陌生。

民国十四年，我随侍家母归宁外家，路过上海，住在姊丈李栩厂府上。他是李仲轩太年伯文孙，木公斐君姻丈，两房同居男女用人多达一百余人。他家中有位管内账房的，大家都叫他熊账房。每天吃过中饭、晚饭，他的账房间人烟杂沓，熙熙攘攘总要热闹一个多小时。我觉得栩厂的祖父虽然当过北洋国务总理，叔父斐君当过云南省省长，可是早都交卸隐息，何以每天账房还有这许多杂事待料理？栩厂说："熊账房的祖上，道光初年在广州水师提督衙门当总巡，花会成立之初，是他祖上多方奔走，才奉提督批准成立的。所以后来凡是有花会的地方，好像世袭罔替一样，总留一个听筒给他们熊家。新重庆路各房大小公馆，上上下下就有一百五六十号人，加上咸益里四条弄堂的威海卫路市房、商店、住户（都是李府产业）约有千八百人，就是跟花会没有特殊关系，熊账房也有资格当一名特级听筒了。至于每天下午夜晚络绎不绝的人来人往，那都是航船跑腿的碎杂人等。你如果打算知道花会里情形，熊账房会详细告诉你的。"

不知熊账房叫什么名字，大家都叫他熊账房，我也没请教过他的雅篆台甫，也跟着大家叫他熊账房。他虽然是李府的合肥同乡，大约是世居羊城的关系，说话尾音仍带有广东味儿。他看着珊中彪外，可是谈吐倒也不改儒素，彬彬儒雅。我向他请教花会里的一切内情，他倒毫无避讳地跟我述说。

他说，道光初年国事承平已久，广东水师各舰艇，每天除了出一两次操，整理内务，清洁舰艇之外，日常无事。水兵总是三五成群，相率登岸游荡，不是酗酒闹娼，就是斗殴滋事，弄得鸡飞狗跳民怨沸腾。有一次跟旗下绿营发生冲突打起群架，几乎酿成巨变。当时熊的先世任职提督衙门总巡，提督蒋军门向他问计，熊总巡几经筹思，水师兵丁多半好赌，只有用赌可以羁縻住他们的身体，不让他们离船惹事。可是船上又不能公然开局设赌，于是想出在陆地开厂设局，赌者在船上坐等，赌注开彩，都由"航船""听筒"接转。最初在水师中发轫，继而在广东全省大行其道。果然水兵们不再闹事，而水师衙门也平添了一笔额外入息。到了咸丰年间，

431

这种赌博扩张到上海，首先在江湾南市人烟稀少的地方设局开彩。因为猜买得中，一赢三十，本轻利薄，游手好闲流氓无赖视为宝藏，人争趋之。所以打花会在上海不久变成最流行的赌博，比广东还来得生猛热闹。

花会一共有三十六座花神，所以又叫"三十六门"（据说最初只有三十四门，有两门是增加的，至于哪两门是后加的，熊账房也弄不清楚）。有人说花神以十二生肖为主体，再辅以鳞介僧尼以及其他动物组成。可是生肖中独独缺少"兔"，而猴狗羊蛇又有双份，实在令人无从探索最初制订的人用意何在。现存《花会萃编》是光绪六年（1880 年）刊印的，仅列花神姓名，所以有些来龙去脉，现在已经没有人知道当初的根源所自了。

花会总机关名为总筒，又叫"大筒"，下设若干听筒，又叫"分筒"，还有招揽赌客的航船。男航船专走商店铺户，引诱店员学徒去赌；女航船以豪门巨富为对象，专门劝说良家妇女、仆从丫头消闲解闷儿。他们不但连锁严密，而且都有地痞流氓做靠山。花会每天开筒两次，日筒下午四点开筒，夜筒夜晚十点开筒，猜中者一元赚三十元，不过要扣去听筒、航船各一元彩金，实得二十八元。利之所在，弄得男男女女整天失魂落魄，不但堕德败行，甚至倾家荡产、悬梁觅井、送掉性命的也大有人在。

花会虽然号称三十六门，实际只开三十二门，林荫街（鸭）花会被尊为总花神，每天用花香灯果虔诚供奉，是照例不开的。前一天日夜所开花神，叫作左右门将，开筒之前悬挂总堂提醒大家不开，日筒照例不开陈日山（鸡），夜筒不开王坤山（虎），这些都是从有花会开始就定下来的会规，究竟是什么缘故就不得而知了。

熊账房虽然担任听筒，但他对打花会不但深恶痛绝，他的子女也被绝对禁止打花会，甚至跟花会有关联的事务，都不许沾边儿。

他认为他这听筒，是祖上留下来的权利，及身而止，他立誓不再传下去了。上海总筒设在爱多亚路，我曾经请他带我去巡礼过一次。总堂内布置，好像一座佛堂，神龛供桌之前加设一道朱红栏杆，栏内有一书桌。负责写花名的人神情肃穆，不苟言笑面对神龛而坐，左右抱柱悬挂上次门将花名。正梁悬挂一幅布轴，将花神秘密写好加封，卷入轴内，悬挂梁头。等各处航船、听筒押注报齐，然后鞭炮齐鸣，将悬轴放下，当众开拆以昭大信。至于其中有无机关手法，避重就轻抽换花神种种弊端，谁也不敢言其有，谁也不敢说其无也。

　　一般打花会的朋友，最普通的是求神祈梦。在广州沙田、东堤、荔枝湾都有人露宿废墟荒冢，希望能获得梦兆。上海玉佛寺，小东门的未央生庙，虹桥的法华庵，大东门的猛将堂，都是赌徒认为求梦最灵的善地。尤为可笑的是，跑马厅马霍路口竖立有两具冠冕朝服、手握牙笏的石翁仲，每天到了下半夜，赌徒居然香烛纸箔前往虔诚膜拜，蜷卧翁仲足下，等候示梦。本来宵禁是断绝行人，如有违犯要拘入警车，送到巡捕房，坐以待旦，再行释放毫不放松的，偏偏那些赌鬼触犯宵禁，巡逻巡捕反而视若无睹不去干涉。不知道是另有势力庞大的流氓头打过招呼，还是巡捕们也打花会，深怕惹恼神灵于己不利。多少年来，我始终想不透是什么道理。

打花会是带有邪气的赌博。到庙里祈梦，算是本分的赌徒了。有的黉夜跑到郊外，挖掘多年古墓，将尸骨取回，请乩童念咒、画符、香烛供奉，祈求征兆。有些妖冶驵荡妇女，宵行露宿，不惜合体双双，以博"双合同"冀能中彩。我在上海期间，一次有人约在三马路桃花江粤菜馆晚饭，碰巧跟当时沪上名闺秀唐瑛一同进门。在酒楼楼梯转角地方，放着一只铁丝笼，装有两双果子狸，我说了一声"好肥的果子狸",她愣了一下,嘱我稍待,她去打电话,然后一同登楼赴宴。过了两天,她忽然约我去四川路邓脱摩饭店午饭,并且开了一瓶香槟。我说随便小酌何必如此豪华,她说前天在桃花江看见果子狸,触机而发,认为猫狸同型,立刻在楼下打电话押了五块钱"马上蚤"(猫),居然中彩,开瓶香槟来庆祝,不是应当的吗?这种事情,我始终认为是偶然间巧合而已。有一天从小服侍我饮食起居的王妈,在我吃早点时,忽然问我昨晚睡得如何,曾否做梦。我正奇怪昨夜确实翻来覆去,睡得不甜熟,可是并没有做梦,她的发问,其中定有文章。结果她告诉我,打花会的人,如果找一个生人,用红纸写上"张九官",塞在他的枕头套里,若有梦兆,第二天打花会必定中彩。可惜我虽非生人,极少做梦,但昨夜辗转反侧、不能成眠的情形,倒也少有,真正有点令人悬疑莫解。

熊账房还说过，打花会的人，如果屡押不中，就组合同道醵资举行"撞旗"求兆了。参加人数要单不要双，如有妇女，必须夫妇同档，才准参加。先做纸旗或布旗三十六面，大小轻重甚至旗杆长短也要划一，把花会名称写在旗上，这些工作都要选择午夜在油灯下办理。旗子做好，携带三牲，午夜结伴到郊外古墓焚香设供，然后把花名旗子，按八卦方位插在坟墓周围。大家焚香祷告之后，再围坐坟前，静观风向，哪一枝花名旗先倒，第二天就下重注打哪一门。这种迷信可以说既无知又可笑，可是有一次在嵊县帮撞旗重注之下，爱多亚路总筒几乎被那一枝重注压垮。后来经青红两帮坐头把交椅的老大，跟虞洽卿、袁履登、王晓籁几位好老出面，按一赔十二才把事情摆平。如果说这种赌法，彩筒变化别有机枢，可以避重就轻，专放空门，那么嵊县帮那次重注是彩筒做手一时疏忽呢，还是故意露一手以取信于赌徒呢，就非我们局外所得而知了。

　　自从国民政府迁往南京，上海英法租界内洋人气焰日渐衰退，害人的花会，也不敢像早年那样无孔不入、到处招摇了。日伪时期据说又曾经死灰复燃过一阵子，甚至平津各地也有打花会的组织流行，回光日暮，不过昙花一现，也就消灭无形。否则这种比洪水猛兽更霸道的赌博，不知要葬送几许男男女女呢！

花会名号生肖

林荫街（鸭）　　　吴占奎（白蛇）　　古茂林（小和尚）

翁有利（象）　　　陈逢春（鹤）　　　吴占魁（白鱼）

黄志高（曲鳝）　　朱光明（马）　　　张合海（青蛇）

徐元贵（虾）　　　双合同（燕）　　　宋正顺（猪）

程必得（鼠）　　　陈吉品（黑羊）　　周青云（骆驼）

陈日山（鸡）　　　龚江祠（蜈蚣）　　马上蚕（猫）

李汉云（牛）　　　张元吉（白羊）　　陈荣生（鹅）

赵天瑞（花狗）　　李明珠（蜘蛛）　　苏青元（黑鱼）

王坤山（虎）　　　张三槐（山猴）　　陈攀桂（田螺）

田福双（田狗）　　林银玉（蟹）　　　郑天龙（老僧）

林太平（龙）　　　张九官（老猴）　　陈安士（尼姑）

罗只得（黑犬）　　刘井利（鳖）　　　李月宝（龟）

我的床头书

　　有人说住在台北的人，家里没有书柜，必定有酒柜。笔者喜欢看书又好喝酒，照理说舍下必定是"二柜之家"，有书柜而且有酒柜的了。可是实际情形，蜗居湫隘，虽非仅能容膝，可也摆不下什么锦架棐几来安放书酒，同时劳人草草，抗尘走俗，也没有什么多余时间去饮酒读书。不过多少年来，积习成瘾，每晚就寝之前，需要一卷在手来招引睡魔，才能酣然入梦。有些人喜欢把日报晚报带到床上来看，在我来说睡觉之前，只看书籍不看报纸，因为报纸是油墨印刷，一不小心，手被油墨污染，如果再下床洗手精神一振奋，二次上床，就数绵羊，或是一遍又一遍暗诵白衣咒，也都无法成寐了。人家床头桌，都喜欢陈列些钟表文玩一类小摆设，我因为没有书柜，又有枕上夜读的恶习，所以床头桌宽仅逾尺，长则逾丈。一边是各种杂志，种类驳杂，甚至老夫子全集漫画，也在架上庋藏，另一边则放几叠研究学文的书了。

今年初，在文海出版社闲逛，发现有一部近代中国史料丛刊，已出一百辑，每辑有的十册，有的十二册，搜集广泛，包罗万象，其中尤多海内孤本，百辑买全要二十余万元，自非我们穷读书人所能买得起的，其中第四辑有先姑丈王嵩儒著的《掌固零拾》，第九十二辑有先祖仲鲁公《期不负斋名书》（《名书》虽有零售，但是我所想要的书均已告罄），所以只好咬牙，把那两集买了拿回来放在床头，以便每天上床时阅读。其中名集，还有若干想看想读的文史资料，可惜零售均阙，我想能买全集的人大概只有机关学校了。不过他们买去之后，千架万轴，贴封加锁，真正能任人观览的，恐怕少而又少。近年来大部头的书越出越多，书价都是我们一般措大可望而不可及的价钱，如果都能有部分零售，那可就造福士林，功德无量啦。